ARCHIV FÜR LAGERSTÄTTENFORSCHUNG
Heft 81

HERAUSGEGEBEN VON
PROF. DR. ERICH LANGE
PRÄSIDENT DES GEOLOGISCHEN
DIENSTES BERLIN

KURD VON BÜLOW

SCHWERMINERAL-SEIFEN AN DER MECKLENBURGISCHEN OSTSEEKÜSTE

Ein Beitrag zur Frage der Entstehung und Umbildung von Litoralseifen

Mit 19 Textfiguren und 19 Tafeln

AKADEMIE-VERLAG GMBH · BERLIN 1951

Arch. Lagerst.-Forschg., H. 81

Erschienen im Akademie-Verlag GmbH., Berlin NW 7, Schiffbauerdamm 19
Lizenz-Nr. 156 · 100/36/50
Satz und Druck: Deutsche Wertpapier-Druckerei VEB, Leipzig, III/18/185
Bestell- und Verlagsnummer: 2014/81
Preis: 9,50 DM
Printed in Germany

INHALT

АННОТАЦИЯ

ф. Бюлов:

Россыпи тяжелых минералов на Мекленбургском балтийском побережье.

Литоральные россыпи, содержащие тяжелые минералы, известны во всем мире и часто разрабатываются. До сих пор их разведка производилась преимущественно с точки зрения минералов и полезных ископаемых; работы, целью которых было исследование динамики и среды их происхождения, отходили на второй план.

Целью настоящего исследования является выяснение генезиса и динамики прибрежных россыпей на Мекленбургском побережье, во времени и в пространстве, путем постоянных наблюдений.

После подробного описания и анализа нрибрежных месторождений по обеим сторонам устья реки Варнов, делается попытка установить для этого района (длина побережья от 15 до 20 км) закономерности географическо-геологических условий и зависимости от годичного ритма погоды. Существенным фактором образования россыпей и их сохранения является, зависящая от погоды смена прибрежного уровня воды Балтийского моря. Так как этот уровень проявляет закономерности, связанные со временами года, то происходят также ежегодно повторяющиеся стадии генезиса россыпей: образование россыпей летом, обогащение ранней осенью, убыль и увеличивающееся разрушение зимой и весной.

В то время, как общая картина россыпей — состояние, простирание, запасы — быстро меняется, некоторые прибрежные полосы остаютя все же преимущественными областями их образования. Решающим является горизонтальный контур берега. Относительно продолжительности восстановления разрушенных или выработанных россыпей и о происхождении тяажелого материала и т. д. возможно предположительно вывести первые закономерности.

Так как состояние легко распознаваемых скоплений тяжелых минералов на побережье является вообще типичным для прибрежных образований, то анализ россыпей дает понятие об течении прибрежной динамики.

SUMMARY

v. Bülow, Kurd:

Alluvial deposits of heavy minerals on the Mecklenburgian shore of the Baltic Sea.

Alluvial beach deposits which contain heavy minerals are known from all parts of the world. Till now the investigators of the deposits meddled principally with the mineralogical sides of the problem and with the applied geology of the deposits. There are only a few scientific works which regard the dynamics of the origin and behaviour of the alluvial beach deposits.

The researches in question have the task of clearing by continual observations the origin and the temporal and local dynamics of the alluvial beach deposits on the Mecklenburgian shore.

After a fundamental descr'ption and analysis of the deposits of heavy minerals on the two sides of the mouth of the river Warnow the author endeavours to deduce for this part of the shore (15 to 20 kilometers) the rules of the local geographical and geological conditions and of the dependence which is determined by the rhythm of the meteorological conditions.

The variation of the water-line on the Baltic Sea shore depends on the course of the meteorological events and is the principal factor for the origination and the conservation of these alluvial deposits. As the level of the water-line is showing certain oscillations, it is also possible to prove for the alluvial deposits certain phases of the genesis: the origination of these deposits during the summer, the enrichment during the first part of the autumn, and the increasing destruction during the winter and the spring.

While the aspect of the alluvial deposits — state, extent, store — can rapidly be altered, however certain parts of the coast remain the prefered regions for the formation of these deposits containing heavy minerals. It becomes possible to formulate first rules regarding the time which is necessary for the regeneration of destroyed or exploited alluvial beach deposits, regarding the origin of the heavy minerals etc.

The behaviour of these enrichments of heavy minerals being symptomatic for the events on the shore, the analysis of the alluvial beach deposits makes it possible to study the dynamics of the alterations of the coast.

RÉSUMÉ

v. Bülow, Kurd:

Des gisements alluvionnaires de minéraux lourds à la côte mecklembourgeoise de la Mer Baltique.

Des gisements alluvionnaires littoraux qui contiennent des minéraux lourds, sont connus dans toutes les parties du monde. Jusqu'à présent, l'exploration de ces gisements s'occupait principalement des problèmes de la minéralogie et de la géologie appliquée aux gîtes minéraux; mais il y a peu de travaux scientifiques qui regardent la dynamique de l'origine et de la conduite des gisements alluvionnaires littoraux.

Les recherches en question ont pour but d'éclaircir par des observations continuelles la genèse et la dynamique temporaire et locale des gisements alluvionnaires littoraux à la côte mecklembourgeoise.

Après une description et analyse fondamentale des gîtes de minéraux lourds sur les deux côtés de l'embouchure de la Warnow, l'auteur tâche à déduire pour cette étendue littorale de 15 à 20 kilomètres les règles des conditions locales, géographiques et géologiques et de la dépendance qui est déterminée par le rhythme annuel des conditions météorologiques.

La variation de la hauteur de l'eau à la côte de la Mer Baltique dépend du cours des événements météorologiques; elle est le facteur principal pour la formation et la conservation de ces gisements alluvionnaires littoraux. La hauteur de l'eau montrant de certaines oscillations pendant les saisons diverses de l'année, il est aussi possible de prouver de certaines phases de la genèse des gisements alluvionnaires: la formation de ces gisements pendant l'été, l'enrichissement pendant la première partie de l'automne et la destruction croissante pendant l'hiver et le printemps.

Pendant que l'aspect des gisements alluvionnaires — situation, espace, réserves — peut changer rapidement néanmoins de certaines étendues littorales restent les régions préférées de la formation de ces gîtes de minéraux lourds. Il est possible de formuler de premières règles qui regardent le temps nécessaire pour la régéneration des gisements alluvionnaires détruits ou exploités, la provenance des minéraux lourds etc.

La conduite des enrichissements des minéraux lourds étant symptomatique pour les événements à la plage, l'analyse des gisements alluvionnaires permet d'étudier la dynamique du changement de la côte.

ABGRENZUNG DES THEMAS

Schwermineralseifen an Meeresküsten haben von jeher die Aufmerksamkeit zahlreicher Beobachter erregt. In manchen Ländern werden sie seit Jahrhunderten, zumal auf Eisenerze, abgebaut. Auch in neuerer Zeit haben sie eine erhebliche Bedeutung als Lagerstätten erlangt; doch steht jetzt eine Reihe seltener Schwermineralien aus solchen Lagerstätten im Mittelpunkt des wirtschaftlichen Interesses. Nur zu Zeiten nationaler Notstände rücken auch die übrigen Bestandteile der Seifen wieder in den Vordergrund.

Obwohl auch an der deutschen Ostseeküste die zur Rede stehenden geologischen Bildungen eine Zeitlang genutzt wurden, fehlt es dennoch an einer systematischen Untersuchung über die Genese und das jahreszeitlich wechselnde Verhalten der Küstenseifen. Über gelegentliche Beobachtungen an besonders auffälligen Seifen, über eine Anzahl mineralogischer Untersuchungen an ihrem Schwermineralbestand, über Versuche, die wirtschaftliche Bedeutung der Lagerstätten abzuschätzen und, je nach den vorliegenden Umständen, erneut zu begründen, sind die bisherigen Veröffentlichungen nicht hinausgegangen.

Da Küstenseifen labile Gebilde sind, die im ständigen Wechselspiel der aufbauenden und der zerstörenden Kräfte neu entstehen, sich wandeln und wieder vergehen können, vermögen gelegentliche Beobachtungen immer nur Ausschnitte aus dem Lebensweg dieser Ablagerungen zu geben, gestatten aber nicht, den Hergang ihrer Bildung und ihrer Wandlungen zu überblicken.

In der vorliegenden Abhandlung ist der Versuch gemacht worden, durch längere Beobachtungsreihen ein möglichst geschlossenes Bild von der Genese und den Veränderungen solcher Küstenseifen zu gewinnen. Dabei stehen geologische Gesichtspunkte durchaus im Vordergrund; mineralogische Methoden wurden nur dann angewandt, wenn die Aussicht bestand, mit ihrer Hilfe die geologischen Anschauungen überprüfen zu können. Daß sich auch gewisse Hinweise ergaben, die für eine etwaige Ausbeutung der Küstenseifen von Bedeutung werden können, ist selbstverständlich.

Ist somit die Fragestellung rein wissenschaftlich, so muß doch bemerkt werden, daß den Anstoß zur Wiederaufnahme der Beschäftigung mit den litoralen Schwerminerallagerstätten das praktische Bedürfnis gegeben hat; leben wir doch in einer Zeit, die es nicht gestattet, auch nur die bescheidensten Hilfsquellen des heimischen Bodens zu vernachlässigen.

SCHWERMINERALSEIFEN AN DER MECKLENBURGISCHEN OSTSEEKÜSTE

I. DIE SCHWERMINERALSEIFEN BEIDERSEITS VON WARNEMÜNDE (VON NIENHAGEN BIS ROSENORT)

a) Äußere Erscheinung und räumliche Verbreitung im Frühherbst 1949

Die in Rede stehende Küstenstrecke (Fig. 1) setzt im Westen mit einem vorwiegend aus Geschiebemergel bestehenden Diluvialkliff ein, das am Ende des Geröllwalles des Heiligen Dammes beginnt, bei Nienhagen nahezu 13 m Höhe hat, an der östlichen Gemarkungsgrenze von Nienhagen 10,8 m Höhe und in der Stoltera mehr als 15 m Höhe erreicht und etwa 2,5 km vor der Warnowmündung unter alluvialen Flugsand untertaucht. Bis Warnemünde und darüber hinaus bis Markgrafenheide folgt eine alluviale, von Dünensand bedeckte Nehrung auf nahezu 7 km Erstreckung. Bei Markgrafenheide erscheint auf etwa 700 m Länge ein flugsandüberwehtes Ortsteinkliff, das aus alten Flugsanden gebildet wird, alsbald aber wieder unter die Strandlinie untertaucht und einer schwach ausgeprägten Nehrung Platz macht, deren künstlich herangepflegter Dünenwall auf Alluvium, und zwar vorwiegend Flachmoortorf, liegt. Das Hinterland dieser Nehrung bildet ein teilweise übersandetes Flachmoor — die sog. Große Moorwiese —, in dem als Verlandungsrest der Heiligen-See offen geblieben ist. Kaum 200 m jenseits des Heiligen-Sees beginnt die Rostocker Heide, die hier auf mächtigem, weithin verortetem Flugsand stockt. Demzufolge wird das bis zu 5 m aufsteigende Kliff hier, am sog. Rosenort (früher „De Schnut" genannt), aus älter-alluvialem Flugsand mit mächtigen Ortsteinhorizonten gebildet. (Diesem Umstand verdankt ein Teil der Küstenstrecke — außerhalb

Anm.: Zeichnungen im Text sind als „Fig.", Bilder auf Tafeln als „Abb." bezeichnet. „Abb. I, 3" bedeutet: Bild 3 auf Tafel I.

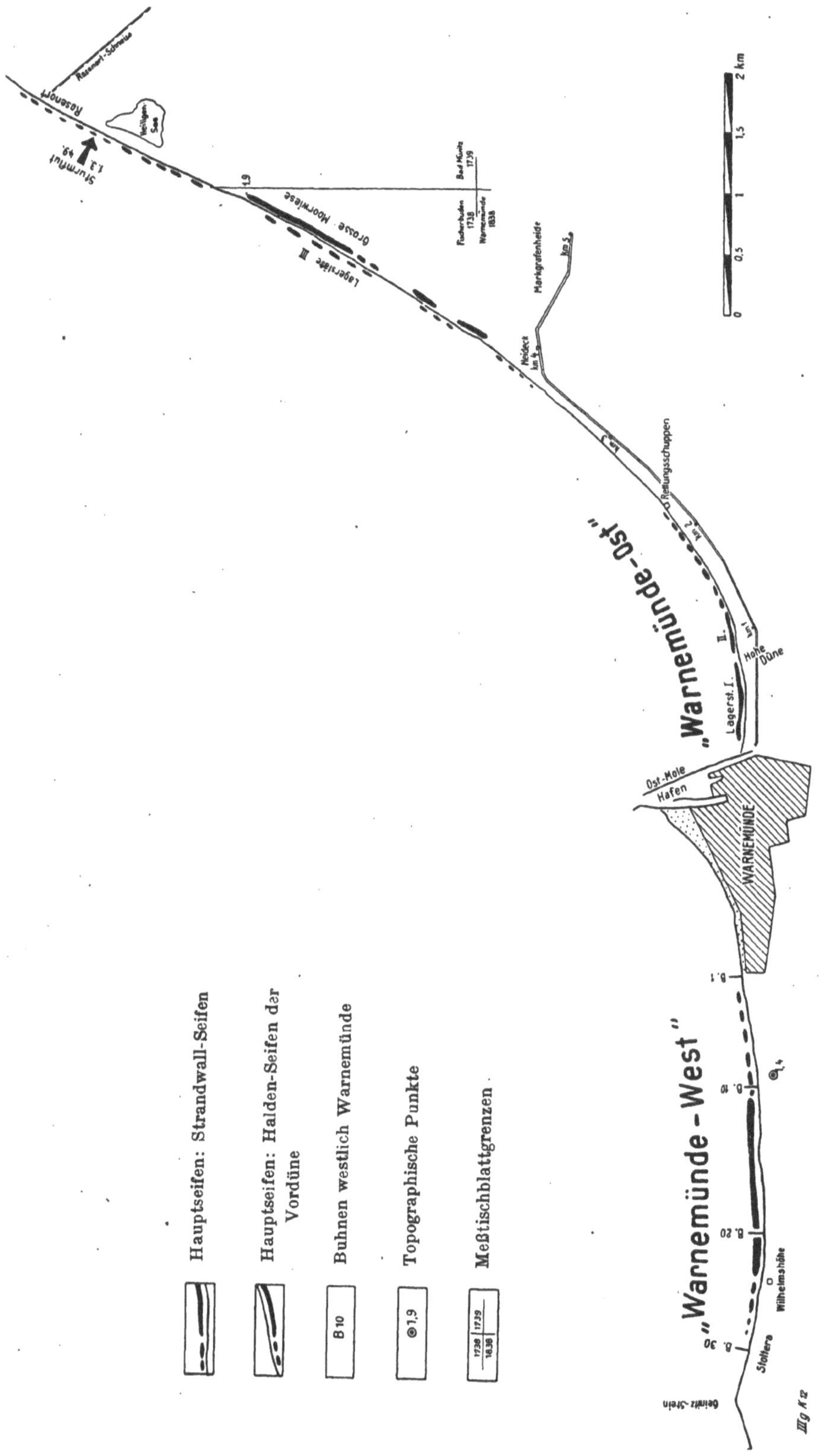

Fig. 1. Übersicht über den engeren Untersuchungsbereich

des Untersuchungsbereiches — den Namen „Gelbes Ufer".) Die erkundete Küstenstrecke beginnt inmitten der Gemarkung Nienhagen und erstreckt sich über rund 16 km bis zum Rosenort. Die Erkundung der Seifen und Lagerstätten setzte im wesentlichen im Spätsommer des Jahres 1949 (erste Septemberhälfte) ein und erstreckte sich über den Rest des Jahres.

Hinsichtlich des Auftretens von Schwermineralseifen westlich von Warnemünde ergab sich zu Anfang September folgendes: (Abb. I, 1 und 2).

Vor dem Diluvialkliff von Nienhagen ist der Strand verhältnismäßig schmal und weithin in seiner ganzen Breite von Geröll bedeckt. Schwermineralanreicherungen fehlen auf dieser Strecke vollständig. Sie finden sich auch nicht bis zu dem am weitesten nach Norden vorspringenden Punkt, dem Westende der Stoltera. Dieser markante Punkt ist durch den Gedenkstein für den früheren Rostocker Geologen Prof. Dr. Eugen Geinitz zu einem besonderen Fest- und Orientierungspunkt ge-

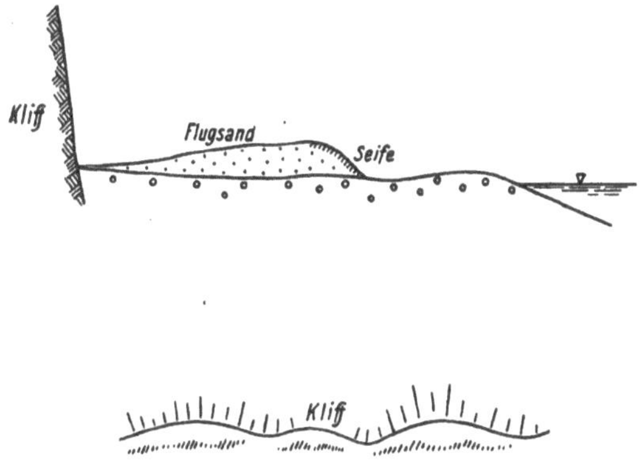

Fig. 2. Vordünen und Dünenseifen, sowie Kliffseifen vor der Stoltera-Steilküste Warnemünde-West. Situation im September 1949

worden. Hier biegt das bisher etwa ostnordöstlich verlaufende Kliff nach OSO um, verbreitert sich der Strand stellenweise schon, treten am Fuße des Kliffes bescheidene Anhäufungen von Flugsand auf und setzen auch die ersten Schwermineralseifen ein. Zwischen dem Geinitzstein und dem Restaurant Wilhelmshöhe (Fig. 2) sind zwei Arten von Schwermineralkonzentrationen zu unterscheiden:

1. In den seltenen Sandanwehungen in Nischen und toten Winkeln des Kliffs finden sich vielfach schwache Konzentrate von Schwermineralien, die den später zu schildernden gleichen, so daß auf die dortigen Ausführungen verwiesen werden kann.

2. Außerdem aber treten unmittelbar am Fuße des Kliffs, vielfach auf dem durch Abrasion eingeebneten Geschiebemergel, Flecken von dunklem Schwermineralsand auf, die nur wenige Millimeter stark, aus einer Schicht bestehend und derart begrenzt sind, daß man sie als aus dem Geschiebemergel des Kliffs durch Wasser ausgespült erkennen kann: Sie sind immer mit kleinen Grundwasseraustritten gekoppelt und liegen oft vor oder in Nischen des Kliffs, wie sie durch Grundwasseraustritte entstehen; dem Zugriff des während des ganzen vergangenen Sommers normalen Wasserstandes sind sie durch ihre Höhenlage und die Breite des vorgelagerten Strandes entzogen. Die Größe dieser Kleinseifen ist als Funktion der Stärke und Konstanz des Wasseraustrittes zu erkennen. Dementsprechend liegt die ausgedehnteste Seife vor der seit langem bekannten Quelle an einer Stelle des Kliffs, an der die Diluvialschichten eine deutliche, wassersammelnde Mulde bilden. Allerdings ist auch diese größte der Kleinseifen nur wenige Quadratmeter groß und ebenso wie alle anderen höchstens 2 bis 3 mm mächtig. Es ist offensichtlich, daß diese Kleinseifen dem nächsten Regenguß oder dem nächsten Hochwasser-Seegang zum Opfer fallen werden.

Was sie jedoch bedeutsam macht, ist die Tatsache, daß das sie zusammensetzende Schwermineralmaterial zweifellos aus dem Geschiebemergel ausgespült ist, diese Schwermineralseifen also nichts sind als Abrasions- und Auswaschungsresiduen des Geschiebemergels. Somit wird von vornherein anzunehmen sein, daß zum wenigsten ein Teil des Materiales der Schwermineralseifen der erkundeten Küstenstrecke aus dem Kliff stammt (Taf. II).

Ein Teil des ausgewaschenen und nicht sofort abgelagerten Gutes wird an anderen Stellen des Vorstrandes wieder angelagert, und zwar in erster Linie durch den Wind, in zweiter Linie durch die Brandung; denn das Gut sammelt sich hier und da in Winkeln und Nischen des Kliff-Fußes auch da, wo kein Grundwasser austritt. Diese Anreicherungen sind durch ihre Form, die der von winzigen Dünen und Strandwällen entspricht, als sekundär ausgewiesen (Fig. 2). Auch sie sind sehr geringmächtig und immer einschichtig; sie werden je nach Witterung, d. h. je nach Windverhältnissen, Niederschlägen und Seewasserständen, oft recht kurzlebig sein.

Die Farbe der Schwermineralanreicherungen am Kliff-Fuß weicht deutlich von der „normalen" Färbung der Seifen und Lagerstätten ab, denn sie ist in feuchtem Zustand fast schwarz. Dieser Umstand deutet darauf hin, daß hier der Granatanteil zurücktritt und der Anteil der schwarzen Erzkörner vorherrscht; denn nennenswerte Beimischungen von Granat geben dem Schwermineralsand sofort einen karminroten Ton, der bei höherem Granatanteil zu ausgesprochenem Karminrot oder Violett werden kann. Wo Erz und Granat etwa gleichwertig an der Farbgebung beteiligt sind, erscheint als Mischfarbe ein gewisser bräunlicher Ton. Die Mineral-Zählungen bestätigen die Richtigkeit dieser aus dem Augenschein gewonnenen Vorstellung (S. 15ff.).

Auf der nach Osten anschließenden Strecke ändert sich das Bild: Das Kliff taucht unter den Dünensand, bis dieser völlig vorherrscht, bis also nur noch alluviale Gesteine am Aufbau von Strand und landseitiger Strandbegrenzung beteiligt sind — allerdings alluviale Gesteine, die ihre Herkunft aus dem benachbarten und aus weiter entferntem Diluvium herleiten, also von diesem nur quantitativ unterschieden sind.

Anfangs bleibt der Strand schmal und reich an Geröllen, so daß sich Schwermineralanreicherungen nur in Form winziger Nester zwischen dem Geröll finden. Bald aber verliert sich das Geröll, und dicht östlich von Wilhelmshöhe wird der Strand rein sandig. Hier treten die ersten namhaften Anreicherungen von Schwermineralsand auf:

Etwa in der Längsachse des Strandes, etwas erhöht gegenüber dem sommerlichen Wasserstand (der i. allg. um MW[1]) liegt), zieht sich ein rund 1 m breiter Streifen Schwermineralsand hin. Er ist auffallend dunkel, schwärzlich und offensichtlich hochprozentig. Das Profil des Streifens zeigt als Decke eine bis 8 cm starke, besonders dunkle Schicht, darunter in Abständen von Zentimetern mehrere dünne Lagen von etwas hellerem Schwermineralsand, getrennt durch hellen Strand- bzw. Seesand. In einer Tiefe von 8 bis 12 cm fehlen diese dunkleren Lagen bereits.

250 m östlich von Wilhelmshöhe wird der Strand breiter und bietet nunmehr Platz für zwei Seifen: Einmal ist es der zu kleinen Wällen aufgewehte Sand am Fuße des Kliffs und zweitens die Verlängerung der eben beschriebenen Seife in der Längsachse des Strandes. Der Strand weist hier zwei Strandwälle auf, d. h. zwei deutlich hervortretende Stufen, die den Ablagerungsgrenzen zweier verschieden hoher Wasserstände entsprechen. (Da die Seifen westlich von Warnemünde kursorischer behandelt werden als die Großseifen jenseits der Warnowmündung, sei hinsichtlich der Situation, sowie hinsichtlich der Begriffe wie Strandwall usw. auf deren Schilderung verwiesen — S. 11). 150 m weit erstreckten sich diese beiden Seifen z. Z. der ersten Beobachtung im September. Etwa 500 m östlich von Wilhelmshöhe springt der Fuß des Steilhanges zurück und bildet eine langgestreckte, flache Nische (Fig. 2). Vor die Nische legt sich ein niedriger Dünenkamm. Hier fehlt der Schwermineralsand, wenigstens in sichtbaren Anreicherungen, am Strande völlig; dafür ist er am Luvhang dieser Düne, und zwar in gleicher Beschaffenheit wie bisher, angereichert. Offenbar hat der Wind, sobald sich Gelegenheit zur Ablagerung in der ein wenig geschützten Nische bot, alles Transportable aufgegriffen und zu der kleinen Düne aufgehäuft: Leicht- und Schwermineralien in gleicher Weise, doch die letzteren nur bis auf den dem Winde zugekehrten Luvhang des Dünenwalles. Die Nische und damit auch der Dünenwall sind 100 m lang. (Weiteres hierüber: S. 20, sowie Fig. 2). Auf den folgenden 500 m Küstenstrecke liegen ziemlich geschlossene, zusammenhängende Seifen. Nachdem die ersten 50 m lediglich Spuren von Schwermineralsand gezeigt haben, folgt auf 150 m eine sehr schnell dunkel und mächtig (d. h. 4 bis 6 cm) werdende, schmale Decke von b r a u n e m Schwermineralsand, in dem also wohl weder Granat noch auch Erz vorwiegen. Diese Seife liegt auf dem mittleren der nunmehr in der Dreizahl vertretenen Strandwälle. Nicht so sehr nach der Breite wie nach Mächtigkeit und Konzentration (Farbe!) klingt diese Seife nach Osten hin stetig aus, bis sie 1100-1150 m östlich von Wilhelmshöhe ganz ausbleibt. Aber noch etwa 400 m weiter finden sich vereinzelte, schwache Konzentrate von schwach bräunlicher Färbung in der gleichen Situation auf der Kante des zweiten Strandwalles. Bis zur Hafenmole von Warnemünde bleibt der Befund dann negativ: teils ist der lebhafte Badeverkehr daran schuld, der am Strand kein Korn auf dem anderen läßt, teils ist aber auch die nach Osten stark zunehmende Ansandung verantwortlich zu machen, die etwa entstehende Seifen schnell wieder verschüttet und sie jedem äußeren Einfluß entzieht — und damit auch der anreichernden Wirkung des die leichteren Körnchen auslesenden Windes. Dieser Bereich starker Ansandung ist somit weder der Bildung noch auch der Anreicherung von Seifen günstig.

Unmittelbar jenseits der Warnowmündung, am Strande östlich von Warnemünde, ändert sich das Bild grundlegend, so daß es gerechtfertigt ist, die Ergebnisse der Beobachtungen westlich von Warnemünde zusammenzustellen:

Die H e r k u n f t wenigstens eines Teiles des Schwermineralsandes aus dem im Abbau befindlichen Diluvialkliff steht außer Zweifel;

auch die Z u s a m m e n s e t z u n g (und, wie vorweggenommen sei, auch die K ö r n u n g) des Seifenmateriales ändert sich in offenbar gesetzmäßiger Weise mit zunehmender Entfernung vom Kliff, was ebenfalls auf Abhängigkeit von diesem hindeutet: Der anfangs vorwiegend „schwarze" wird zu „braunem" Sand. Jenseits von Warnemünde hingegen herrscht „roter" Schwermineralsand vor;

aus den Vorkonzentraten, die sich unter den geeigneten Umständen unmittelbar am Fuße des Kliffs bilden können, gehen durch Umlagerung (Wind, Brandung) die e i g e n t l i c h e n K o n z e n t r a t e hervor, teils in den Kleindünen am Kliff, teils auf der Oberfläche, besonders der Kante des z. Z. inaktiven, d. h. der unmittelbaren Einwirkung des Seeganges entrückten Strandwalles;

der auf der Oberseite des Strandwalles abgesetzte Schwermineralsand wird im Laufe des Sommers durch Fortführung der leichten Mineralien seitens des Windes angereichert, derart, daß anscheinend mehrere Schichten zu einer mächtigeren Deckschicht verschmelzen;

die ausgedehnteste S e i f e dieses Küstenabschnittes ist (im Frühherbst) rund 1000 m lang, etwa 1 m breit und im Durchschnitt 3 cm mächtig, hat also 30 cbm Inhalt. Die Mehrschichtigkeit — es wurden 6—8 Schichten beobachtet — deutet auf eine gewisse Konstanz der Lage;

am Geröllstrand fehlen Seifen, ebenso an Stränden mit lebhafter Sandakkumulation; auf der erkundeten Strecke westlich von Warnemünde treten die Hauptanreicherungen bevorzugt an Stellen auf, die in der der Beobachtung vorausgegangenen Zeit Anlandung aufwiesen, zu anderen Zeiten jedoch, wie das aktive Kliff zeigt, der Zerstörung unterliegen.

Diese Beobachtungen und Folgerungen beziehen sich auf die Feststellungen zu Anfang September (vgl. im übrigen S. 33).

D e r K ü s t e n a b s c h n i t t ö s t l i c h v o n W a r n e m ü n d e

beginnt unmittelbar in Lee der Ostmole des Warnemünder Hafens mit einem „toten Winkel", in dem auffallend viel Tang neben Seewasserkonchylien, sogar leichtester Pflanzendetritus und Flecken von Schiffsöl angelandet werden. Außerdem wird hier häufig Baggergut aus der Warnow künstlich aufgespült, so daß Anreicherungen von Schwermineralien völlig fehlen. Erst 100—200 m von der Mole entfernt beginnen sie, und zwar setzen sie sogleich in einem Umfange ein, wie es westwärts von Warne-

[1]) MW = Mittelwasser; entspricht am Warnemünder Pegel dem Stand von 500 cm.

münde nirgends zu beobachten ist: Auf 300 m Länge zieht sich ein zusammenhängender Zug von ausgesprochen „rotem", besser karminrotem, violett schattiertem Sand in der Längsrichtung des Strandes hin, etwas näher der land- als der seeseitigen Begrenzung desselben. Anfangs hat die Seife nicht mehr als 1 m sichtbare Breite; bald verbreitert sie sich auf 1,4 m, erreicht nach 100 m 2,5 m; nach weiteren 80 m schwillt sie auf 3,5—3,75 m an. Diese Breite behält sie auf rund 50 m bei und wird dann wieder schmäler. Mit der Breite ändert sich auch die Färbung der Seife; innerhalb der ersten 80 m (immer von West nach Ost gerechnet, wie überhaupt die ganze Beschreibung von W nach O fortschreitet) wird der anfangs normal helle Strandsand allmählich dunkler, bis er die tiefste Färbung im breitesten Teil der Seife erreicht.

genannt) sammelt. Stellenweise erreichen diese Anreicherungen auf kurze Strecken erhebliche Konzentrationsgrade. Sie bilden dann eine stark verkleinerte Wiedergabe der größeren Vordünen-Konzentrate des folgenden Großabschnittes der Küste (vgl. S. 12f), so daß hier auf Einzelheiten verzichtet werden darf.

Anschließend an diese Seife, die im Folgenden vorläufig als „Lagerstätte I" bezeichnet werden wird, erwies sich zu Anfang September eine 400—450 m lange Strandstrecke oberflächlich frei von Seifen. Da jedoch der letzte Teil dieses Abschnittes nicht zugänglich ist, muß die Frage für diesen offen bleiben. Wo der Strand wieder zugänglich wird — dies ist 450 m vom Ostende der Lagerstätte I der Fall —, weist er wiederum eine ansehnliche Lagerstätte (Lagerstätte II) auf. Sie beginnt, soweit im Augenblick gesagt werden kann, spätestens in Höhe

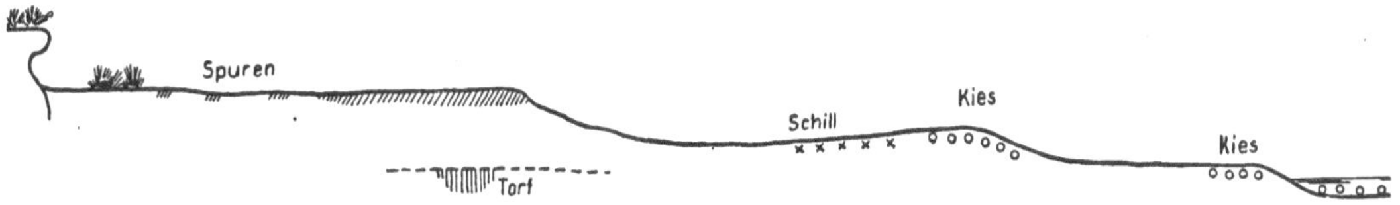

Fig. 3. Lagerstätte I. Warnemünde-Ost, am 2. 9. 1949. Strandwall im Laufe des Sommers äolisch verebnet und angereichert (unmaßstäblich)

Die Situation der Seife ergibt sich aus Fig. 3: Sie bildet die Decke eines inaktiven Strandwalles, der parallel zur Strandachse, etwas auf die landwärtige Strandgrenze zu verschoben, verläuft. Größere Höhe zu MW als hier erreicht der Strand nur noch ein wenig landwärts am Fuße der Düne im Bereich äolischer Sedimentation. Doch wird dieser höchstgelegene Strandteil bei Hochwasser auch überspült, wie Tanganschwemmungen beweisen. Die Oberfläche der Seife ist terrassenartig eben — eine Form, die zweifellos nicht die primäre eines Strandwalles ist. Vielmehr deutet der Umstand, daß auch hier die oberste Schwermineralsandschicht dicker ist als die tieferen, darauf hin, daß die Verebnung der Strandwalloberseite eine Folge der äolischen Auslese der leichteren Mineralbestandteile ist. Die Oberfläche des Strandwalles geht landwärts allmählich in den schwermineralfreien Strandsand über; seewärts fällt sie markant um einige Dezimeter ab (vgl. Abb VI. 2). (Im Profil Abb. VI. 1) wechseln schwermineralreiche mit schwermineralarmen bzw. -freien Sandlagen ab, und zwar auch hier derart, daß die oberste Lage, die Decke der Seife, die mächtigste ist, indem sie stellenweise 10 cm Stärke erreicht. Die Deckschicht ist durchweg hochkonzentriert, läßt jedoch dünne Schmitzen helleren Sandes erkennen. Nach unten folgt ein Paket, in dem helle und dunkle Lagen von je einem bis mehreren Zentimetern Mächtigkeit miteinander wechseln. Dem Augenschein nach sind beide zu etwa gleichen Teilen im Profil vertreten. Der unterste Teil der Lagerstätte hingegen besteht nur zu etwa 30% aus Schwerminerallagen.

Die dunklen Lagen sind sämtlich untereinander parallel, so daß auf Konstanz der Absatzbedingungen über die Bildungszeit geschlossen werden kann.

Neben dieser Hauptseife unmittelbar östlich der Warnowmündung treten schwache Konzentrate im Flugsand auf, der sich alljährlich am Fuße der Düne (im Folgenden Vordünenhalde oder einfach Halde

von km 0,95 der Kilometerzählung der Landstraße Warnemünde—Markgrafenheide (Fig. 1) und erstreckt sich über 200 m Länge. (Es sei vorweggenommen, daß, wie spätere Begehungen zeigten, Lagerstätte I und II in Wirklichkeit zusammenhängen, somit eine beträchtliche Seife bilden. Aus Gründen der Zweckmäßigkeit wird hier jedoch die Trennung in zwei Lagerstätten (I und II) aufrechterhalten). Die morphologische Situation ist die gleiche wie bei Lagerstätte I, jedoch weniger markant ausgeprägt als dort. Ebenso gleicht der Aufbau des Profiles dem der vorigen Lagerstätte. Auch Konzentration und Färbung des Seifenmaterials sind die gleichen wie dort: Der Schwermineralsand hat hier die „normale" karmin-violette, von der Vorherrschaft des Granates herrührende Farbe. Nach Osten bzw. Nordosten schließt sich in gleicher Situation eine offenbar granatärmere Seife an, die nach weiteren 150 m ausklingt. Der Sand dieser Seife hat schwärzlich-braune helle Tönung,. Da ein ganz entsprechender Sand auch schon die granatreichere Seife begleitet (Situation vgl. Fig. 4) und hier offensichtlich Auswehungs- oder auch Ausspülungsprodukt der Hauptseife ist, liegt wohl auch in der „braunen" Ostfortsetzung der Hauptseife der Lagerstätte II ein Derivat derselben vor (vgl. Mineralanalysen S. 20ff).

Folgende Einzelbeobachtungen mögen einen Eindruck vom Aufbau dieser Seife „Lagerstätte II" vermitteln:

In Höhe von Straßenkilometerstein 0,9—0,95, also am Beginn der vorwiegend „roten", d. h. granatreichen Seife, ist diese 1,5 m breit; die Deckschicht ist 8—12 cm mächtig und enthält dem Augenschein nach mindestens 60% Schwermineralien. Unterhalb der Deckschicht finden sich innerhalb des normalen Strandsandes acht deutlich unterscheidbare dünne Lagen von Schwermineralsand, derart, daß etwa 25% des Profiles unterhalb der Deckschicht auf

Schwermineralsand entfallen dürften. [Wieviel davon wieder auf den reinen Schwermineralanteil entfällt, hat die Analyse ergeben (Probe 8 in Tabelle S. 18)].

tischblattes Fischerbuden (Nr. 1738), der seinerseits 100 m nordöstlich von Heideck entfernt ist, das noch im Bereich des Blattes Warnemünde (Nr. 1838) liegt (hierzu Fig. 1).

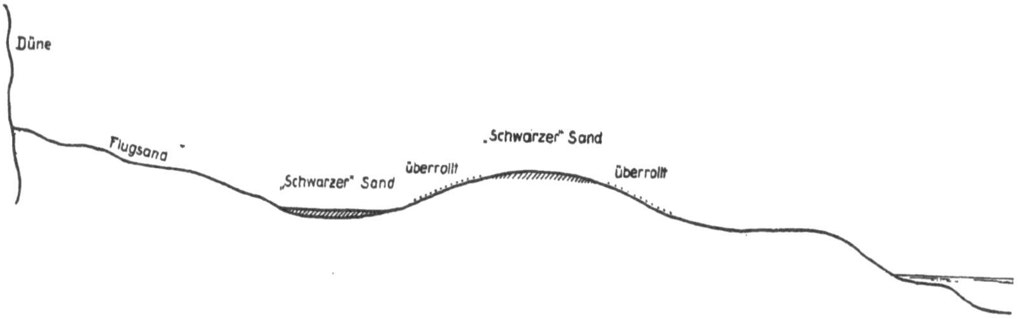

Fig. 4. Lagerstätte II. Warnemünde-Ost, am 4. 9. 1949. Östliche Fortsetzung durch „schwarzen" Sand in gleicher Situation wie die Lagerstätte selbst. Anreicherung von schwarzem Sand begleitet die Strandwallseife in der landwärtigen Strandsenke

Bis km 1,0 bleibt die Seife unverändert, geht aber bei etwa km 1,05 über in folgendes Profil:

Deckschicht 8 cm Konzentrat von 60—70% Schwermineralanteil (geschätzt) über
21 (einundzwanzig) Schwermineralsand-Schichten innerhalb von knapp 25 cm Profilstärke unterhalb der Deckschicht; hier dürfte der Anteil des Schwermineralsandes — nicht des Schwermineralanteils! — 20—25% der Profilstärke ausmachen.
Bis km 1,1 unverändert,
von km 1,1 an sog. „schwarzer Sand", der in feuchtem Zustand dunkel ohne besondere Tönung, insbesondere ohne roten Farbstich, ist, in getrocknetem Zustand hell mit grauem Farbstich, dunkle Einzelkörner in größerer Zahl enthaltend (Tabelle I). Diese „schwarze Seife" ist in doppeltem Zug bis etwa in die Höhe von km 1,25, also über 150 m, zu verfolgen (vgl. Fig. 4).

An diese, als „Lagerstätte II" bezeichnete Seife schließt eine Strandstrecke an, die im September arm an Seifen war. Nur beim „Rettungsschuppen" des Meßtischblattes (Fig. 1), d. h. in Höhe von km 2,2—2,3, treten unbedeutende Seifen (Schleier) auf. Ferner tritt Schwermineralsand, der sowohl Erz wie auch Granat enthält, auf der Kante des ersten Strandwalles zwischen km 2,7 und 3,0 mehrfach auf. Und schließlich beginnt ein neuer Zug von ebensolchen Strandwallseifen etwa 75 m vor, d. h. südwestlich von dem ersten am Strande stehenden Haus von Markgrafenheide (Heideck), ein Zug, der sich etwa 225 m weit lückig fortsetzt.

Auf dieser Strecke tritt, wie eingangs geschildert, der verortete Flugsand unter dem rezenten Dünensand kliffbildend zutage. Ob dieser Umstand irgend etwas mit der Verbreitung der Schwermineralseifen zu tun hat, läßt sich im gegenwärtigen Stadium der Untersuchungen noch nicht entscheiden, ist jedoch unwahrscheinlich.

Die Seifenschleier liegen meist auf dem mittleren Strandwall.

Strecke Markgrafenheide — Rosenort

Ausgangspunkt der folgenden Schilderung der letzten Küstenstrecke ist der südliche Rand des Meßtischblattes Fischerbuden

Zu Beginn dieses Abschnittes begleiten die erwähnten, schwach ausgeprägten Seifen auf dem mittleren Strandwall die Ortsteinküste. Das Ortsteinkliff taucht unter, wo sich hinter dem kleinen Dünenwall eine feuchte Waldlichtung öffnet. Hier finden sich schwache Konzentrate am strandseitigen Hang der kleinen (künstlichen) Vordüne, die im Prinzip denen der weiter unten geschilderten größeren Vordünenseife („Lagerstätte Große Moorwiese") gleichen, so daß auf die dortige Schilderung verwiesen werden kann. Daneben treten hier Schwermineralschleier auf dem Strand, und zwar vorwiegend auf dem inaktiven Strandwall, auf.

1100 m vom südlichen Blattrand entfernt mehren sich die Konzentrate bzw. Vorkonzentrate am seeseitigen Vordünenhang, außerdem treten einige unbedeutende Strandwallseifen auf. Nach weiteren 200 m, also 1300 m vom südlichen Blattrand entfernt, beginnt ein nahezu lückenlos zusammenhängendes Vordünen-Konzentrat, das sich, begleitet von seenäheren Strandwallseifen, über rund 1100 m Strandlänge verfolgen läßt. Bei Punkt 1,9 des Meßtischblattes findet diese Seife zugleich mit der sie bergenden Vordüne ihr Ende.

Die Situation ergibt sich aus Fig. 5: Die Düne bricht zum Strand in Form eines niedrigen Kliffes ab, das durch die überhängende Rasendecke vor schnellem Zerfall geschützt wird. Hauptzerstörungsfaktor im Sommer dürfte der Wind sein, der Korn für Korn aus dem Kliff herausholt, im Herbst bis zum Frühjahr hingegen die See, die bei höherem Wasserstand den Kliff-Fuß erreicht, bei Sturmflut die ganze Düne abzutragen vermag (letzteres ist im Beobachtungsjahr der Fall gewesen — Sturmflut vom 1. März 1949). Vor dem Kliff, im Winkel zwischen Strandfläche und Dünenanstieg, häuft sich in ruhigen Zeiten eine Sandhalde an, die Schwermineralkörner enthält. Diese sind vielfach in Schichten angereichert, die parallel zur Oberfläche der Halde gegen den Strand hin einfallen. Die oberste dieser Schichten ist auch hier zumeist die mächtigste, während die tieferen weniger dick zu sein pflegen. Offensichtlich herrschen hier ähnliche Anreicherungsvorgänge, wie sie oben von den Strandwallseifen geschildert worden sind (S. 10). Ein Unterschied liegt jedoch darin, daß diese Vordünen-Seifen im Bereich ständiger Ansandung liegen, so daß sie u. U. sehr schnell nach ihrer Anreicherung aus dem verwehten Haldensand wieder eingesandet und damit dem Blick entzogen werden. In jedem Fall scheint hier die sommerliche Anreicherung durch Auswehung des leichteren Mineralgutes nicht so stetig zu sein wie bei den Strandwallseifen. Die Folge ist, daß die einzelnen Schwermineralsand-Lagen nicht die Mächtigkeiten erreichen wie auf den Strandwällen. Eine weitere Folge ist die, daß die rein sandigen Zwischenmittel oft mächtiger sind als in den Strandwallseifen. So wurden am Südbeginn der Vordünenlagerstätte mehrere Schwermineralllagen, verteilt auf etwa 50 cm Sandmächtigkeit, beobachtet. Das bedeutet natürlich eine wesentlich geringere Konzentration des etwaigen Gewinnungsgutes als bei den Strandwall-Lagerstätten, in denen sich teilweise weit mehr Schichten auf 12—25 cm Mächtigkeit verteilen, wo demnach bei einer Gewinnung im Großen weit weniger Leichtmineral-Sand mit gefördert zu werden braucht als hier.

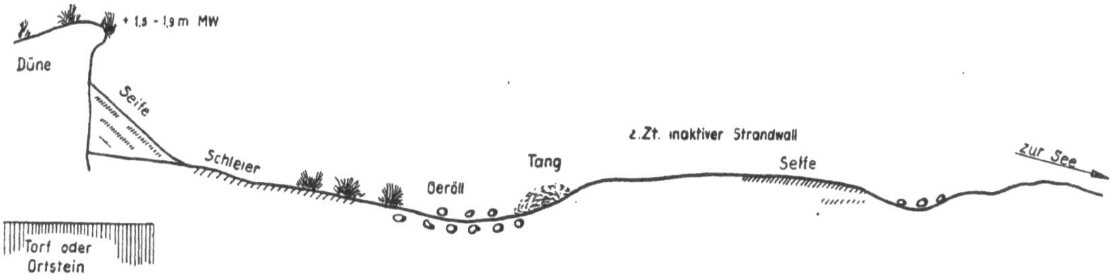

Fig. 5. Lagerstätte Große Moorwiese MBl. Fischerbuden, am 11. 9. 1949: Schema der mehr als 1000 m langen Seife in Vordünenhalde und Strandwall

Neben der Vordünenseife tritt auf demselben Küstenabschnitt weithin, wenn auch nicht so lückenlos, eine Seife vom Strandwalltypus auf (vgl. Fig. 5). Da sowohl von der Vordünenlagerstätte aus wie auch von der Strandwallseife her der Strand, soweit es die Oberflächengestaltung zuläßt, durch Schwermineralsand überrollt ist, erscheint diese Strandstrecke bei oberflächlicher Betrachtung besonders reich. Andererseits entzieht sich die Vordünenlagerstätte infolge der wechselnden Übersandung oft auf längere Erstreckung dem Blick, so daß sie keineswegs so bedeutsam und zusammenhängend zu erscheinen braucht, wie sie tatsächlich ist.

Mit Punkt 1,9 endet diese Lagerstätte. Es endet gleichzeitig die Vordüne, an die sich die Lagerstätte anlehnen könnte. Von nun an bricht das sandüberwehte, alluviale Hinterland ohne besonders markierte Grenze oder scharfe Kante zum Strand hin ab. Der Übergang von einem zum anderen ist vielfach durch Schilfbestände verschleiert. Der kleine Dünenwall fehlt völlig. Schmäler werdender Strand und künstliche Strandbefestigungswerke deuten darauf hin, daß der Strandabschnitt besonders stark der seeseitigen Zerstörung ausgesetzt ist. Bezeichnenderweise hat die diesjährige Frühjahrssturmflut gerade auch diese Strandstrecke stark in Mitleidenschaft gezogen. Vor dem Heiligen-See ist sogar ein Durchbruch erfolgt, dessen Spuren noch deutlich zu bemerken sind; auch die Verteilung der Schwermineralseifen folgt den Spuren der Sturmflut: Während die ersten 300—400 m des Strandes nördlich von P. 1,9 praktisch frei von Seifen sind, zeigen die anschließenden 900 m lediglich Schleier und normale Strandwallseifen, Dabei sind die letzteren deutlich auf den inaktiven, in diesem Fall höchstgelegenen, Strandwall beschränkt — ein Beweis, daß der mittlere Wall, der sonst i. allg. Träger der Hauptseifen ist, auf dieser Strecke häufiger beansprucht wird als an Küstenteilen, die infolge ihres Verlaufes in bezug auf die kräftigsten Winde weniger stark exponiert sind.

Auf dieser Küstenstrecke ist eine Besonderheit, die an anderen Abschnitten nur gelegentlich vorkommt, die, daß der Schwermineralsand in mehreren zu Paketen zusammengefaßten Lagen innerhalb des Leichtsandes auftritt und daß er insgesamt in den oberen 20 cm des Strandwalles zu finden ist. Offensichtlich sind auch hier die Anreicherungen räumlich einigermaßen gebunden, doch scheinen die Ablagerungsbedingungen, insbesondere der Windeinfluß, stärker zu schwanken, als es andere Strecken, die weniger steil nach Norden verlaufen, erkennen lassen.

An der Durchbruchstelle der diesjährigen Sturmflut vor dem Heiligen-See zeigt sich das auf Fig. 6

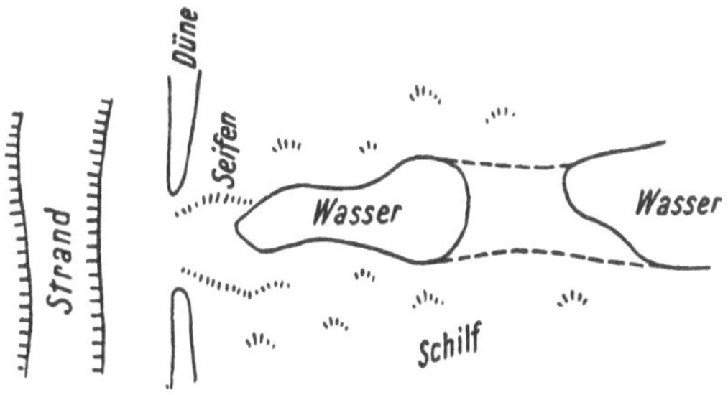

Fig. 6. Ephemere Wasserseifen am Sturmflutdurchbruch (1. 3. 1949) vor dem Heiligen See. Zustand im September 1949: Seifen schraffiert, Wasser = Restlachen des Durchbruches. Auf dem Strand hat sich im Laufe des Sommers bereits ein neuer Strandwall mit Flugsanddecke gebildet

schematisierte Bild: Eine breite Rinne, in der im September noch ausgedehnte, von Fischen bevölkerte Lachen stehen, verbindet den Strand mit dem Heiligen-See. Die Kante zwischen Strand und Hinterland fehlt völlig, auch die Vordüne ist restlos beseitigt. Jedoch ist das Gefälle vom See zur Ostsee durch einen auf dem Strande neugebildeten Sandwall unterbrochen, der aus Flugsand besteht, also im Laufe des vergangenen Sommers aufgeweht worden ist. Neben der Rinne und den ihre tiefsten Stellen erfüllenden Lachen sind die Spuren höherer Wasserstände zu bemerken, auch Spuren ehemaliger Wasserströmung. Im Bereich dieser ephemeren Strömung treten Anreicherungen von Schwermineralien in Schleierdicke sowie bescheidene Seifen von mehreren Millimetern Stärke und ganz geringer Flächenausdehnung auf. Hier begegnet uns somit erstmalig das fließende Wasser als Aufbereitungsfaktor für Schwermineralseifen am Strande, während bisher lediglich vom Wind als Anreicherungsfaktor die Rede war. Dazu ist zu bemerken, daß über die Entstehung der ersten Schwermineral-Vorkonzentrate im Bereich der Brandung und des Strandes noch nicht gesprochen worden ist. Wohl aber ergibt die Analyse der bisherigen Beobachtungen gewisse Hinweise auf die Herkunft und das Zustandekommen der Vorkonzentrate. Diese Schlüsse können nunmehr gezogen werden, da der Rest der erkundeten Küstenstrecke — von der Durchbruchstelle bis zum vorspringenden Rosenort (etwa 700 m) — nichts wesentlich Neues ergeben hat, vielmehr auch hier nur die üblichen Strandwallkonzentrate und Schwermineralschleier vertreten sind.

Die bisherigen Mitteilungen schildern den Zustand zu Anfang September 1949.

Allgemeine Folgerungen aus den September-Beobachtungen zwischen Warnemünde und Rosenort

Schwermineralsand ist anscheinend bevorzugt an Luvhängen sowohl der Strandwälle wie auch der Vordünen-Halden angereichert, und dort an Stellen, an denen die Transportkraft nachläßt, ohne jedoch so weit geschwächt zu werden, daß sie nicht noch die leichteren Mineralien weitertragen könnte.

Sowohl die Strandwallprofile wie auch der Aufbau der Vordünenlagerstätten deuten darauf hin, daß anscheinend in jeder Ablagerungsperiode eine geringmächtige Lage von Schwermineralsand angelagert wird und daß während des Sommers eine Auslese des Leichteren erfolgt. Auf diese Weise wird in den oberen Schichten das schwerere Material angereichert, oft so weit, daß die normalsandigen Zwischenmittel z. T. ausgelesen werden und die Schwerminerallagen mehrerer Absatzperioden miteinander verschmelzen. Natürlich kann die fast immer besonders mächtige Deckschicht auch mit primär umfangreicher Ablagerung erklärt werden. Doch deutet die Verebnung der Schwermineral-Strandwälle darauf hin, daß der Wind eine beträchtliche Rolle bei der Umgestaltung der Lagerstätten auf den Strandwällen spielt, und zwar sowohl in Richtung der Verebnung wie hinsichtlich der Anreicherung des Schweren.

Die bis zu 21 in einem Strandwallprofil, meist allerdings in geringerer Zahl, festgestellten Schichten von Schwersand beweisen eine gewisse Konstanz der Ablagerungsstellen. Doch ergibt sich bezüglich der Bildungsdauer einer Schicht vorerst noch kein Anhalt.

Bei den Strandwallseifen verlaufen die Schwermineral-Lagen parallel zur Strandwalloberfläche, in den Vordünenseifen teilen sie Streichen und Fallen der Haldenfläche — sie stellen also ehemalige Oberflächen dar. Während bei den Strandwallseifen dem Wind wahrscheinlich die Hauptrolle bei der Anreicherung zukommt, steht ihm bei den Vordünenseifen zweifellos die ausschließliche Rolle zu. In beiden Fällen ist damit über die Herkunft des Materials, insbesondere darüber, wie es auf den Strand bzw. in den Strandwall gelangt, noch nichts ausgesagt.

Die Konstanz der Seifenbildungsbereiche spricht dafür, daß gewisse äußere Voraussetzungen erfüllt sein müssen, die nicht an jedem Ort der Küste gegeben sind.

Wie weit die mehrfach verbreiteten „schwarzen Sande" einen von der normalen, granatreichen Fazies abweichenden Konzentrationsgrad bedeuten, kann nur die Mineralanalyse entscheiden. Unter der Lupe erweist der schwarze Sand sich insoweit vom roten unterschieden, als in ihm der Granat weitgehend durch Quarz ersetzt scheint. Dieser Sand kommt nicht nur in der östlichen Verlängerung der Lagerstätte II vor, sowie in einer Parallelseife zu dieser (Fig. 4), sondern findet sich auch schleierartig in flächiger Verbreitung auf Strandsand und in windgesichteten Säumen spießeckig und parallel zur Strandlinie, auch streifen-, strom- und deltaartig dort, wo über den ersten Strandwall überschlagendes Wasser hinter denselben gelangt und von dort aus wieder abgeflossen ist — er wird also sowohl durch strömende Luft wie durch fließendes Wasser bewegt und abgesetzt. Es ist die gleiche Situation, in der anderenorts übernormal grobe Strandsande, deren dunklere Bestandteile jedoch Feldspäte und Gesteinsbruchstückchen sind, gefunden werden — also in Situationen, die auf eine Transportkraft hindeuten, welche wohl imstande ist, den Granat bzw. die feineren Korngrößen der Leichtmineralien noch zu bewegen, die Erzkörner bzw. die gröberen Leichtmineralkörner aber liegenlassen muß. Demnach ist ihre Entstehung nur dem Grade, nicht dem Wesen nach von der der „normalen", d. h. mehr oder weniger roten Schwermineralsande unterschieden.

Da die Schwermineral-Anreicherungen auf den Strandwällen in gleicher Situation auftreten, wie auf anderen Strandwällen das grobe Geröll, dieses aber natürlich nur durch die Brandung dorthin gelangt sein kann, liegt es nahe, anzunehmen, daß auch die Schwermineralsande durch die Brandung, d. h. im Gegenspiel von „Schwall" und „Sog" (s. u. S. 24f u. Taf. III, IV), dorthin gelangen können. An diesen Stellen bleiben sie liegen, solange der Strandwall nicht erneut überspült wird, d. h. den größten Teil der guten Jahreszeit mit ihren MW nicht wesentlich und nur selten übersteigenden Wasserständen und Seegängen. Zweifellos ist auf den Kanten der Strandwälle, die den größeren Teil der ruhigen Jahreszeit inaktiv sind, die Quelle für alle übrigen am Strand und in den Dünen auftretenden Seifenformen zu suchen. Was die „Brandung" herangebracht hat, wird vom Wind (und nebenbei auch von gelegentlichen Überspülungen des Strandes) umgelagert oder im Strandwall selbst konzentriert.

Daß auch die See selbst durch verstärkten Seegang und Sturmflut im Gefolge besonders starker oder andauernder Winde Anreicherungen bewirken kann, zeigt die Seifenbildung im Bereich des Sturmflutdurchbruches am Heiligen-See. Hier sind die nur schwach schwermineralhaltigen Dünen- und Strandsande durch die See weitgehend fortgeräumt, die Schwermineralien jedoch, wenigstens z. T., liegengelassen worden. Es ist dies derjenige Fall, auf den frühere Autoren ganz besonderen Wert legen, indem sie ihm die Hauptrolle bei der Seifen- und Lagerstättenbildung zuweisen. Auf diesen Vorgang der „Projektion des Schwermineralgehaltes der Dünen auf die eingeebnete Strandfläche" wird weiter unten eingegangen werden.

Der als Vordünenseife bezeichnete Lagerstättentyp ist zweifellos weiter verbreitet, als der erste Augenschein vermuten läßt. Durch Einsandung ist er dem Blick vielfach entzogen. Während mit der Länge des Sommers die Strandwallseifen immer reiner und mächtiger werden, ehe sie den Herbststürmen zum Opfer fallen, werden die Vordünenkonzentrate durch Einsandung konserviert — sie sind infolgedessen vorübergehend dauerhafter als jene, werden dafür aber weniger mächtig und verschwinden bei Gelegenheit einer stärkeren Flut auch wieder vollständig. Ehe sie aber durch die Sturmflut beseitigt werden, werden sie durch dieselbe Flut oder einen vorangegangenen starken Sturm nicht nur freigelegt, sondern auch vorübergehend erheblich verstärkt durch Beseitigung des sie einhüllenden und bedeckenden Dünensandes.

b) Mineralische Zusammensetzung der Seifen (Herbst 1949)

Zur Aufhellung der Genese genügt die geographisch-geologische Beschreibung der Seifen nicht; vielmehr ist es erforderlich, die wechselnde stoffliche Zusammensetzung, die Verteilung der Korngrößen der beteiligten Mineralien und die Beziehungen der mineralischen Zusammensetzung sowie der Korngrößenverteilung zu den verschiedenen Seifentypen heranzuziehen.

1. Die Zusammensetzung und Korngrößenverteilung der Schwermineralseifen im allgemeinen

Über Schwermineralseifen und ihre stoffliche und physikalische Zusammensetzung liegt bisher nur verhältnismäßig wenig, auch uneinheitliches und z. T. schwer vergleichbares Schrifttum vor, das meist aus den letzten zwei Jahrzehnten stammt. Ältere Arbeiten, soweit sie mir bekannt geworden sind, tragen fast ausnahmslos Gelegenheitscharakter, (abgesehen vielleicht von Mähl (1828) und Deecke 1888) (vgl. das Literaturverzeichnis S. 63).

An der Zusammensetzung der meisten litoralen Schwermineralseifen sind gewisse Mineralgruppen bevorzugt beteiligt. Quantitativ stehen Granate und Erze durchaus im Vordergrund. Die Granate gehören wohl vorwiegend der Almandingruppe an, die „Erze" in erster Linie dem Magnetit und dem Ilmenit (Fe_3O_4 und $FeTiO_4$). Allerdings haben nicht alle Autoren versucht, die Erz-Mineralien näher zu bestimmen, sondern sich mit der allgemeinen Bezeichnung begnügt, da eine mikroskopische Unterscheidung nicht möglich ist.

In untergeordneten Verhältnissen treten auf: Zirkon, Rutil, Epidot, Orthit, Zoisit; ferner: Disthen, Augit, Titanaugit, Apatit, Staurolith, Topas, Turmalin, verschiedene Hornblenden, Olivin, Vesuvian, rhomb. Pyroxene, Chlorit, Sillimanit, Titanit, Pyrit, Cyanit, Biotit, Monazit und eine Reihe weiterer, daneben selbstverständlich auch Leichtmineralien, in erster Linie Quarz und Feldspäte.

Im allgemeinen scheinen Granate und Erzmineralien den Hauptanteil der Schwermineralien auszumachen, während alle übrigen Schwermineralien zusammen nur einige Prozent einnehmen. Welcher Bestandteil unter diesen quantitativ vorherrscht, ist unterschiedlich. An deutschen Küsten scheint der Zirkon im allgemeinen etwas höhere Prozentsätze zu beanspruchen als die meisten übrigen akzessorischen Mineralien. Selbstverständlich kommen auch Seifen vor, in denen eines der Nebenmineralien in den Vordergrund rückt. Doch scheinen diese Fälle selten zu sein.

Eine der ältesten, wenn nicht die älteste quantitative Schwermineraluntersuchung ist die von Mähl, die sich auf eine Titanerzseife bei Warnemünde bezieht und im Jahre 1828 veröffentlicht worden ist. (Noch älteren Datums ist die Abhandlung von Tetens aus dem Jahre 1764, in der auf eine Veröffentlichung aus dem Jahre 1751 Bezug genommen wird. Beide Arbeiten (vgl. Literaturverzeichnis) befassen sich mit dem magnetischen Verhalten des Schwermineralsandes). Ihr Ergebnis war in Gewichtsprozenten:

33,00	Titansäure
63,74	Eisenoxydul
1,00	Manganoxyd
2,00	Kieselerde
99,74	

Die nächste, mir bekannt gewordene Analyse stammt von Wilh. Deecke (1888) und betrifft den Schwermineralsand der Insel Ruden im Greifswalder Bodden, die zu Deeckes Zeit bis auf ein Buhnenskelett abgetragen war. Die schwere Fraktion bestand hier aus:

Magnetit	11,10%
Ti-haltiges Erz	10,55%
Ti-Eisen	45,71%
Granat	25,54%
Zirkon, Rutil und Turmalin	6,59%
Andere	0,51%
	Sa. 100,00%

d. h. Eisenerze ungefähr 64 und Silikate ungefähr 30 Gewichtsprozent.

Schon aus diesen beiden Untersuchungsergebnissen geht hervor, daß die oft verwendete Bezeichnung „Magneteisensand" keineswegs allgemein gültig sein kann; richtiger wäre die ebenfalls oft gewählte Bequemlichkeitsbezeichnung „Granatsand" für die Strandseifen.

Hinsichtlich der qualitativen Zusammensetzung der Schwermineralsande ergeben alle Analysen von deutschen Küsten das gleiche Bild, das sich im übrigen auch bei den meisten ausländischen Analysen wiederfindet.

Zwei Beispiele von der Nordsee und aus dem ehemaligen Westpreußen mögen das Gesagte belegen: Die Untersuchungen Trusheims (1935) an einer Titaneisenerzseife auf Wangeroog und die von Voelcker (1937), Weyl (1937) und Lamcke (1937) haben keine anderen als die hier genannten Mineralien ergeben. Von Westpreußen sagt SONNTAG (1919, S. 281): „... so trennt... die Welle... die schwärzlich-violett erscheinenden Titaneisenkörnchen, den roten Granat, ferner Augit und Hornblende vom leichteren Quarz. In geringen Mengen sind außerdem gefunden Zirkon, Magneteisen, Cordierit, Aktinolith, Smaragdit, Glaukophan, Turmalin, Hypersthen, Epidot, Titanit, Sillimanit, Olivin, Staurolith, Cyanit, Korund, Spinell, Rutil...“, also im wesentlichen ebenfalls dieselben Mineralien. Eine Mineralanalyse von der Spitze der Halbinsel Hela verzeichnet (Autor?):

Quarz	4,2%
Feldspat	0,7%
Granat	74,1%
Magnetit	2,0%
Zirkon	0,8%
Rutil	3,6%
Apatit	0,5%
Cyanit	3,3%
Staurolith	3,1%
Biotit	0,6%
Turmalin	1,1%
Olivin	3,2%

In dieser Analyse überwiegt der Granatanteil den Erzanteil ganz beträchtlich — eine Erscheinung, die ich aus eigener Kenntnis der hinterpommerschen Küste für diesen Teil der südlichen Ostsee bestätigen kann. Daß die Hela-Seife kein Ti-Erz enthält bzw. zu enthalten scheint, dürfte darauf zurückzuführen sein, daß der Beobachter u. d. M. keinen Unterschied zwischen den Mineralien der Erzgruppe gemacht hat, sondern sie einfach unter Magnetit einreihte.

Hinsichtlich der Korngrößen, in denen die Seifenbestandteile auftreten, und der Korngrößenverhältnisse innerhalb der Seifen können wir uns ähnlich kurz fassen. Korngrößenuntersuchungen von deutschen Küsten mit Ausnahme des hier zur Rede stehenden Abschnittes liegen von WEYL (Schleswig-Holstein 1937), SINDOWSKI (Mecklenburg 1938) und VOELCKER (Helgoland 1937) vor. Außerdem hat VON ENGELHARDT 1937 und 1940 Untersuchungen auf der hier beschriebenen Küstenstrecke ausgeführt. Auch SINDOWSKI greift von Westen her bis nach Warnemünde vor. GRANNIG kommt zu grundsätzlich gleichen Ergebnissen für ganz Europa (darunter auch „Pommern“).

Ganz allgemein ergibt sich aus diesen Untersuchungen, daß Korngrößen und Korngrößenverteilung gewissen Gesetzmäßigkeiten unterliegen. WEYL findet sehr regelmäßige Mineral- und Korngrößenverteilung; meist herrscht innerhalb der Seife eine Korngröße durchaus vor. Die bestimmende Fraktion liegt zwischen 0,2 und 0,1 mm, danach kommt an Bedeutung die zwischen 0,3 und 0,2 mm liegende (Zahlen bedeuten Durchmesser). In der jeweils kleinsten, am Aufbau maßgeblich beteiligten Fraktion herrschen die Erzmineralien vor, in der nächstgröberen der Granat, in der nochgröberen der Quarz. Hinsichtlich des Mineralbestandes unterscheidet WEYL reine Erzseifen, reinen Granatsand, Erz-Granat-Sand mit reichlich Quarz. SINDOWSKI findet, daß die Unterschiede in Korngröße und Zusammensetzung geringer seien, als die Verschiedenheiten des geologischen Küstenaufbaues erwarten lassen. Auch bei seinen Untersuchungen erweist sich die Korngrößenfraktion zwischen 0,2 und 0,1 mm Durchmesser als diejenige mit der größtmöglichen und vielseitigsten Schwermineralanreicherung. In 0,15—0,1 mm sind vor allem Granat, Disthen, Staurolith, Rutil und Olivin angereichert; Erze und Zirkon bevorzugen die feineren Fraktionen, andere Mineralien die gröberen Fraktionen. SINDOWSKI meint — was sich bei Warnemünde nicht bestätigen läßt —, daß bei äolischer Aufbereitung vorwiegend Granat, bei mariner Aufbereitung in erster Linie Erz angereichert wird. In einer äolischen Seife von Brunshaupten (heute Kühlungsborn-Ost) findet er folgende Verteilung auf die Hauptfraktionen:

	über 0,2 mm %	über 0,1 mm %
Zirkon	0,5	1,6
Granat	29,8	41,1
Titanit	0,5	0,3
Rutil	7,5	2,0
Opake (Erz?)	11,5	38,5

In einer von ihm als marin bezeichneten Strandseife bei Fulgen (westlich des hier behandelten Bereiches):

	0,3 mm	0,2 mm	0,1 mm ∅
Zirkon	1,2	0,1	1,7
Granat	42,4	6,5	29,5
Titanit	—	0,6	0,6
Rutil	4,6	5,9	2,5
Opake Min.	19,2	13,0	34,5

Ganz eindeutig scheint demnach die Zuordnung des mineralischen Hauptbestandteiles zur Genese nicht zu sein.

GRANNIG (1944) gibt für „pommersche Sande“ an:

	0,2—0,0 mm	0,5—0,2 mm
Magnetit	5,0	1,8
Ilmenit	19,2	5,4
Granat	62,2	65,06
Quarz-Kalk	6,7	26,6 usw.

Die sorgfältigsten Untersuchungen sind die von v. ENGELHARDT. Sie betreffen im wesentlichen Seifen

Kornzahlprozente im quarz- und feldspatfreien Anteil ungesiebten Sandes nach v. ENGELHARDT:

Entnahmeort	Erz %	Granat %	Zirkon %	Rutil %	Andere %	Quarz + Feldspat im Gesamtsand %
Stoltera	46	48	1,4	0,2	Rest	4
Markgrafenheide	30	62	2,0	0,3	„	8
Zum Vergleich:						
Fischland	50	41	4,0	0,2	„	13
Westdarß						
km 7,7	34	53	4,5	0,6	„	17
km 5,4	25	49	1,0	0,2	„	23

aus dem hier behandelten Gebiet. v. ENGELHARDT teilt Kornprozentzahlen für den reinen Schwermineralanteil der von ihm untersuchten Seifensande mit und gibt den Anteil von Quarz und Feldspat an der Zusammensetzung des Gesamtsandes an. Daraus ergibt sich, daß die Seifen zwischen 4 und 23% (Kornzahlprozente) Leichtmineralien enthalten, der reine Schwermineralanteil somit zwischen 77 und 96% schwankt. Allerdings sind die Proben sehr sorgfältig entnommen worden.

Erz + Granat nehmen demnach in allen untersuchten Seifen mit Ausnahme der letzten, die nur 74% Erz + Granat hat, um 90% (87—94%) ein, wobei aber das Verhältnis Granat zu Erz stark wechselt: etwa 1:1 an der Stoltera bis rund 2:1 am Westdarß. Zirkon hält sich überall in Prozenten unter 4,5, im Durchschnitt 2,58%, Rutil bleibt im Durchschnitt unter 0,5% (0,3%). Der Schwermineralanteil beansprucht vom Gesamtsand, wie gesagt, 77—96%. Er scheint von West nach Ost abzunehmen. Ebenso scheint es, als nähme der Erzgehalt vom Fischland aus nach beiden Seiten ab, während der Granatanteil zu beiden Seiten des Fischlandes höher zu liegen scheint als im Fischlandstrand. Doch ist es wohl nicht angängig, aus den wenigen Proben auf geographische Gesetzmäßigkeiten zu schließen. Es ist ohne Zweifel möglich, auch auf jeder beliebigen, kurzen Strandstrecke Seifensande von vergleichbarer Zusammensetzung aufzufinden. Vielmehr dürften die Ursachen für die Verschiedenheiten der Sande in mehr örtlichen Umständen zu suchen sein: So nimmt mit zunehmender Entfernung vom Diluvialkliff der Stoltera anscheinend auch der Granatgehalt auf Kosten des Erzanteiles zu; das Gleiche ist im Leebereich des Fischlanddiluviums der Fall. Der höhere Zirkongehalt der Seifen in Lee des Fischlandes kann damit zusammenhängen, daß am Fischland ein jüngerer Geschiebemergel das Kliff bildet als in Teilen der Stoltera. Nach LEINZs Untersuchungen über den Schwermineralgehalt der betreffenden Geschiebemergel ist allerdings ein nennenswerter Unterschied zwischen dem jüngeren Geschiebemergel westlich und dem älteren östlich des Geinitz-Steines nicht erkennbar. Der ältere, der als Lieferant für das Gut der zur Rede stehenden Seifen in erster Linie in Frage kommen dürfte, enthält 4% Zirkon, der jüngere, der mit dem vom Fischland identisch ist, 3,8%. Es ist also genau das Gegenteil von dem Erwarteten der Fall. Der verschiedene Zirkongehalt der Strandseifen muß demnach andere Ursachen haben. Bei der Vielzahl der in Betracht kommenden Ursachen dürfte es jedoch heute noch schwer sein, die entscheidende Ursache zu isolieren.

Zur Vervollständigung sei darauf hingewiesen, daß der ältere Geschiebemergel

4,5% Ti-Augit, 1,5% Titanit, 1,9% Rutil,

der jüngere Geschiebemergel

0,9% Ti-Augit, 0,8% Titanit, 1,9% Rutil

enthalten (gerechnet auf die Gesamtzahl der Schwermineralkörner des Geschiebemergels), daß sie somit Unterschiede in einer derartigen Größenordnung aufweisen, daß sie gegebenenfalls entscheidend auch für die Zusammensetzung von Seifen werden können, vorausgesetzt allerdings, daß deren Schwermineralbestand lediglich aus dem jeweils in Luv anstehenden Geschiebemergel und anderen Diluvialgesteinen herrührt, was von einigen Autoren, insbesondere von WASMUND (1939) und auch von LAMCKE (1934) bestritten wird. Aber selbst, wenn man mit diesen Autoren annimmt, daß weniger die Kliffs als vielmehr der Seeboden als Lieferanten für das Seifenmaterial in Frage kommen, so ändert sich doch für die Ostsee nicht viel, da ja auch die Seeböden, soweit sie nicht alluvial verhüllt sind, aus den gleichen Massen zusammengesetzt sind wie die Kliffs. Immerhin ist dieser Gesichtspunkt heranzuziehen, wenn etwa die Beschaffenheit von Seifen auf Diluvialmassen als Herkunftsgebiet hindeutet, ohne daß solche sichtbar im Kliff anstünden.

In diesem Zusammenhang sind die Feststellungen von SINDOWSKI (1938) hinsichtlich der Schwermineralverteilung in den übrigen Strand- und Ufergesteinen interessant, soweit diese als Ursprungsort oder als Vorkonzentrate für die Strand- und Dünenseifen in Frage kommen (s. Tabelle).

	Zirkon %	Granat %	Titanit %	Rutil %	Opak %
Geschiebemergel der Stoltera	3,5	19,0	0,9	1,7	.....
Dünensand von Warnemünde	0,8	18,5	0,8	.....	20,6
Strandsand von Warnemünde	3,6	27,8	0,6	.....	30,3
Äolische Seife von Kühlungsborn	bereits oben (S. 16) mitgeteilt				
Marine Seife von Fulgen	desgleichen				

Während somit der Dünensand etwa den gleichen Prozentsatz Granat, gerechnet auf den gesamten Bestand an Schwermineralien, hat wie der als Quelle gedachte Geschiebemergel, ist der Granat im Strandsand bereits angereichert; auch der „opake" Anteil erscheint angereichert, in dem sich wohl die Erzgruppe verbirgt. Doch wäre es auch hier falsch, weitergehende Folgerungen zu ziehen. Denn auch diese Werte sind sicher weitgehend zufällig. Wenn auch der Dünensand weithin gleichartig zusammengesetzt sein kann — nicht muß! —, so variiert doch der „Strandsand" außerordentlich stark. Dicht neben nahezu schwermineralfreiem Sand kann ein eingesandeter ehemaliger Spülsaum mit einem merklich höheren Schwermineralgehalt liegen, ohne daß man ihn gleich als Vorstufe zur Seifenbildung anzusprechen braucht. Die Absatz- und Anlagerungsbedingungen am Strand sind viel variabler als im äolischen Absatzbereich der Dünen. Ebenso sind selbstverständlich die Werte von Kühlungsborn und Fulgen keineswegs etwa mittlere oder irgendwie verbindliche Angaben, denn auch innerhalb der gleichen Seife wechseln Konzentration und Zusammensetzung oft auf wenige Meter Entfernung.

V. ENGELHARDT hat in derselben Arbeit die Ergebnisse einiger chemischen Analysen mitgeteilt, mit denen er den Versuch machte, den Anteil der Titanverbindungen am Erzanteil zu ermitteln; eine weitere Analyse, ausgeführt durch HILMAR SCHUMANN, teilt v. ENGELHARDT an derselben Stelle mit.

Der Erzanteil enthält:

	Fe_2O_3 %	TiO_2 %	Silikate %
1. Im Sand von der Stoltera (Gesamtbestand an opaken Körnern)	51,7	25,6	23,7
2. Ebendaher (mittels Hufeisenmagnet ausgezogene Fraktion) .	93,5	5,7	0,8
3. Ahrendsee (heute: Kühlungsborn-West) (Hufeisenmagnetfraktion)	67,9	9,7	22,4
4. Ebendaher (Elektromagnetfraktion)	34,7	15,9	49,4

Der Elektromagnet zieht aus der Probe 3 nach SCHUMANN (v. ENGELHARDT 1937) 83% der Gesamtseife aus, davon sind

Erz 47%,
Granat 49%,
andere hoch lichtbrechende Silikate 4%.

Der vom Elektromagneten nicht gezogene Anteil, der 17% der Gesamtseife ausmacht, setzt sich zu
18% aus Erz,
18% aus Quarz und Feldspat,
64% aus hoch lichtbrechenden Silikaten, von denen die Hälfte Zirkon ist, zusammen.

Somit erweist sich der Ilmenit ($FeTiO_3$) als Hauptbestandteil des Erzes; denn der Anteil des Titans an der schwächer magnetischen Fraktion ist erheblich höher als an der stärker magnetischen (Hufeisenmagnet) bzw. der Ti-Gehalt der nicht mit dem Magneten behandelten Probe 1 ist höher als derjenige der mittels Hufeisenmagneten gezogenen Fraktion (Probe 2). Damit ist die alte Analyse von MÄHL im Grundsatz bestätigt. Wieweit eine mikroskopische Unterscheidung der Ti-Mineralien von dem Magnetit zuverlässig ist, entzieht sich meiner Beurteilung. Es scheint, daß sie nicht ganz einfach ist, da nur wenige Autoren beide auseinanderhalten.

2. Spezialuntersuchungen an den Warnemünder Seifen

Da auch die v. ENGELHARDTschen Proben nicht erkennen lassen, welche Stellung der Probeentnahmepunkt im Rahmen der Seife einnimmt, wurden folgende Proben unter dem Gesichtspunkt ihrer genetischen Stellung entnommen:

Probe 1: Stoltera, Fuß des Kliffs (Ursprungsmaterial);
2: zwischen Buhne 33 und 34[1]);
3: Buhne 16 (Typischer Schwermineralsand);
4: Buhne 15 („Brauner Sand");
5: Buhne 9, östlichste Seife westl. von Warnemünde (schwach konzentriert);
6: normaler Flugsand vom Strande am Kliff-Fuß westl. des Geinitzsteines (zum Vergleich);

Probe 7: Lagerstätte I östl. der Warnow, Westende der Lagerstätte („Normales" Konzentrat);
8: Lagerstätte II: 50 m vom Westende derselben entfernt bei Kilometer 1,0 (besonders hochkonzentrierte Partie);

[1]) Die Zählung der Buhnen beginnt bei der auf MBl Warnemünde (Nr. 1838) am westlichsten Haus von Warnemünde liegenden Buhne 1. Gezählt sind lediglich die auf dem Meßtischblatt angegebenen Buhnen, unabhängig davon, ob sie noch existieren oder ob ihre Zahl vermehrt ist. Buhne 34 befindet sich demnach dicht östlich des äußersten Vorsprunges der Stoltera, Buhne 16 nahezu 1 km östlich von Wilhelmshöhe usw. (vgl. Fig. 1).

Lagerstätten-Typ	Probe	Kornzahl-Prozente des ganzen Sandes			desgl. des Schwermineral-Anteiles der Hauptfraktion 0,12—0,25 mm Ø		
		Quarz	Erz	Granat	Erz	Granat	Quarz
Kliff-Fuß	1	34,5	52,4	11,75	67,5	13,5	16,5
„Normaler" Schwermineralsand . . .	2	19,7	56,6	21,3	48,3	38,5	11,3
desgl.	3	11,5	66,5	18,6	71,0	16,8	9,0
Brauner Sand	4	61,8	15,15	12,9	19,7	10,0	62,2
Schwach konzentrierter Schwermineralsand westlich Warnemünde . .	5	15,6	58,6	20,3	60,7	21,8	10,6
Dünensand	6	88,8	3,7	2,6	3,4	6,7	87,2
Lagerstätte I, normaler Schwermineralsand	7	21,9	30,8	39,9	42,1	40,2	13,2
Lagerstätte II, hochkonzentriert . .	8	4,1	44,0	46,5	47,6	44,6	3,9
Lagerstätte II, Strandwall	9	62,5	16,5	5,5	20,6	10,3	60,9
Schwarzer Sand vor der Düne . .	10	74,1	8,0	4,7	13,7	11,5	59,8
Schwarze Lagerstätte, Fortsetzung von II	11	67,2	15,1	7,7	(13,8	3,7	68,4)[1])
Vordüne, hochkonzentriert	12	19,5	36,9	33,6	32,7	38,6	21,1
desgleichen	13	18,1	37,2	37,8	40,1	37,0	15,0
Vordünenkonzentrat	14	20,7	37,1	31,9	43,5	34,0	13,4
Strandwallkonzentrat	15	11,1	42,2	39,8	45,0	36,1	11,2
Vordüne, brauner Sand der Halde .	16	49,1	24,9	18,9	36,5	30,9	20,4
					(16,2	5,8	72,9)[1])

[1]) Werte der hier überwiegenden Körner 0,25—0,49 mm.

Probe 9: Lagerstätte II: in Höhe von Straßenkilometer 1,1, auf Kante und Luvseite des Strandwalles (schwärzlicher Sand);
10: „Schwarzer" Sand vor der Vordüne bei Kilometer 1,1;
11: Östl. Fortsetzung der Lagerstätte II („Schwarzer" Sand);

Probe 12: hochkonzentrierte Partie aus der Sandhalde der Vordüne, Blatt Fischerbuden (Nr. 1738), etwa 500 m vom südl. Blattrand entfernt;
13: wie vor;
14: Konzentrat aus der Sandhalde der Vordüne 300 m südl. von P. 1,9, Blatt Fischerbuden;
15: Strandwallkonzentrat von derselben Stelle wie vor;
16: „Brauner" Sand aus der Sandhalde der Vordüne 600 m südl. vom Waldrand (ungefähr vor dem S-Ende des Heiligen-Sees, Blatt Bad Müritz (Nr. 1739).

Um möglichst bald ein Bild von dem Wert derartiger Proben für die Klärung der Seifenentstehung zu gewinnen, erklärte sich Fräulein ENZENROSS vom Mineralogisch-Petrographischen Institut der Universität Rostock zu einer mineralogisch-statistischen Untersuchung bereit. Das Ergebnis dieser mühevollen Arbeit ist in nebenstehender Tabelle in Auswahl zusammengefaßt.

Der Quarzgehalt der eigentlichen Schwermineralsande schwankt somit zwischen 4,1 und 21,9% (Kornzahlprozente).

Der Schwermineralgehalt des ursprünglichen Seifensandes schwankt entsprechend zwischen

78,1 und 95,9%.

Als „normal" empfundener Seifensand (Probe 2, Pr. 3 und Pr. 7) enthielt 11,5—21,9% Quarz, d. h., wenn von dem sehr unbedeutenden Feldspatanteil abgesehen wird, 78,1—88,5% Schwermineralien.

Im Durchschnitt der Proben 2, 3, 5, 7, 8, 12 ergibt sich vorerst ein Quarzanteil von 15,3 bis 15,4%, d. h. ein Schwermineralgehalt von durchschnittlich 84,6 bis 84,7%, abgerundet 85% (Kornzahlprozente).

Der Schwermineralanteil setzt sich, bezogen auf den Gesamtsand, zusammen aus: 30,8 bis 66,5% Erz und 18,6 bis 46,5% Granat, wobei das Zahlenverhältnis Erz : Granat 0,77, 0,95, 1,1, 2,6, 2,8, 3,6, im Durchschnitt 1,96 beträgt, d. h. der Erzanteil ist doppelt so groß wie der Granatanteil. Tatsächlich dürfte es kaum zulässig sein, einen Durchschnitt zu errechnen und zugrunde zu legen.

Das gilt für die „normalen" „roten" oder „violetten" Sande.

In „braunem" Sand fanden sich 61,8% Quarz, 15,15% Erz und 12,9% Granat,

in schwarzem Sand fanden sich 74,1% Quarz, 8% Erz und 4,7% Granat,

d. h. hier beträgt das Verhältnis Erz : Granat 1,2 bzw. 1,7, was offenbar wenig besagt.

Diese Zahlen liegen unter denen anderer Autoren. Nur wenige unserer Proben reichen an die Werte etwa v. ENGELHARDTS heran — ein Beweis, daß diese Einzelentnahmen mehr oder weniger unbewußt die konzentriertesten Partien bevorzugt haben.

In Beziehung gesetzt zu der geologischen Situation der Probeentnahmestellen ergibt sich folgendes:

Seifen westlich von Warnemünde

Probe 1 stammt vom Fuß des Stoltera-Kliffs und repräsentiert eine jener aquatischen Primärseifen, die darauf hindeuten, daß zum mindesten ein Teil des Seifenmateriales aus dem am Ufer anstehenden Diluvium stammt. Die Probe enthält im Gesamtsand 52,4% Erz und nur 11,75% Granat neben 34,5% Quarz. In der Hauptsiebfraktion 0,12 bis 0,25 mm verschiebt sich das Verhältnis zugunsten des Erzanteiles, der hier 67,5% beansprucht, während der Granat 13,5% einnimmt, der Quarz nur noch 16,5%. In der nächstgröberen Fraktion (0,25 bis 0,49 mm) sinken die Kornprozente der Erze auf 32,4, die des Granates auf 10,3, während der Quarz auf 54% steigt.

Im ganzen gesehen überwiegt der Erzanteil den Granatanteil um das Viereinhalbfache, in der Hauptfraktion um das Fünfeinhalbfache und in der gröberen Fraktion immer noch um das Dreifache — offenbar ein ungewöhnliches Verhältnis: denn für gewöhnlich beherrscht das Erz die feineren Korngrößen, der Granat die mittleren, der Quarz die gröberen; hier aber beherrscht der Erzanteil auch die sonst dem Granat vorbehaltene Fraktion. Dieser Umstand weist darauf hin, daß der Schwermineralbestand der „Primärseifen" noch nicht aufbereitet ist.

Probe 2 stammt ebenfalls von der Kliffküste der Stoltera, jedoch von einer Strandseife unweit von 1. Da westlich von der Entnahmestelle von 2 keine Strandseifen vorhanden sind, darf angenommen werden, daß das durch Probe 2 repräsentierte Material auf kürzestem Wege aus dem Kliff herkommt und dabei das Stadium der Probe 1 durchlaufen hat.

Probe 2 enthält im Gesamtsand ähnlich viel Erz wie 1, nämlich 55,6%, jedoch erheblich mehr Granat, nämlich 21,3 gegenüber dort 11,75%. Die geringe Zunahme an Erz und die stärkere an Granat geht auf Kosten des Quarzes, der hier nur noch 19,7 gegenüber dort 34,5% einnimmt. Offenbar hat die durch Probe 2 repräsentierte Seife bereits eine weitere Aufbereitung durchgemacht, die den leichten Quarz zu beseitigen und den schwereren Granat anzureichern begonnen hat, während der Erzanteil im wesentlichen noch unangetastet blieb.

Das wird in der Hauptfraktion deutlicher: Erz 48,3% gegenüber 56,6% im Gesamtsand, Granat 38,5% gegenüber 21,3%, Quarz 11,3 gegenüber 19,7%.

Auch Probe 3 ist als „Typischer Schwermineralsand" bezeichnet, liegt aber fast 2000 m in Lee von Probe 2:

	im Gesamtsand	in der Hauptfraktion
	%	%
Erz	66,5	71,0
Granat . .	18,6	16,8
Quarz . . .	11,5	9,0

Erz überwiegt gegenüber dem Granat um rund das Dreifache, in der Hauptfraktion sogar um mehr als das Vierfache, offenbar das normale Verhältnis, nach dem der Erzanteil die Hauptfraktion bevorzugt, während der Granat in der nächsthöheren Größenklasse steht. Jedoch ist im übrigen ein Einfluß der größeren Entfernung vom vermuteten Ursprungsgebiet nicht zu erkennen: Der Gesamtsand zeigt eine nur unwesentlich geringere Erzvormacht, verglichen mit dem Seifengut der Probe 1, in der Hauptsiebfraktion keine grundsätzlichen Unterschiede gegen die der Primärseife, wenn man nicht eine geringe relative Zunahme des Granates hierher rechnen will. Nur der Quarz hat sowohl im Gesamtsand wie in der Siebfraktion deutlich abgenommen.

Probe 5 (Probe 4 vgl. unten!) gehört in die gleiche Situation wie Probe 3, ist jedoch im Felde als „schwach konzentriert" bezeichnet worden. Sie zeigt:

	im Gesamtsand	in der Hauptfraktion
	%	%
Erz	58,6	60,7
Granat . .	20,3	21,8
Quarz . . .	15,6	10,6

Offensichtlich hat diese Probe das Prädikat „schwach konzentriert" wegen ihrer etwas helleren Farbe erhalten. Diese aber verdankt sie nicht nur einer bescheidenenAbnahme des Schwermineralgehaltes an sich, sondern vielmehr einer Verschiebung innerhalb desselben zuungunsten des dunklen Erzanteiles. Das Bild, das Gesamtsand und Hauptfraktion bieten, ist im übrigen nahezu das gleiche. Die Seife macht hinsichtlich Mineralzusammensetzung und Korngrößenverteilung einen ausgeglicheneren Eindruck als die vorige. Tatsächlich ist sie auch in größerer Entfernung vom Kliff entnommen als diese: sie stammt aus dem östlichsten Teil der Strandseifen westlich der Warnow.

Eine Sonderstellung in diesem Bereich nimmt Probe 4 ein: es ist ein Sand, der neben dem reinen Strandsand auf der einen, dem Seifensand auf der anderen Seite einen braunen Eindruck macht. Solcher „brauner" Sand tritt auch östlich von Warnemünde auf. Er scheint einen besonderen Grad der Aufbereitung oder der äolischen Auslese aus „normalen" Seifensanden darzustellen. Er enthält:

	im Gesamtsand	in der Hauptfraktion
	%	%
Erz	15,15	19,7
Granat . .	12,9	10,0
Quarz . . .	61,8	62,2,

stellt sich also als relativ arm an Schwermineralien dar, unter denen zudem im Gesamtsand Erz und Granat in annähernd der gleichen Größenordnung vertreten sind, während in der Hauptfraktion das Verhältnis Erz : Granat fast auf 2 : 1 steigt. Immerhin ist die Erzvormacht hier nicht mehr so stark ausgeprägt wie bisher.

Zum Vergleich gibt Probe 6 einen gewöhnlichen Flugsand (vom Kliff-Fuß westlich des Geinitz-Steines). Er enthält neben 88,8% Quarz im Gesamtsand 3,7% Erz und 2,6% Granat, diese beiden also in ähnlichem Verhältnis wie im „braunen" Sand (Probe 4). In der Hauptfraktion stecken 87,2% Quarz, ebensoviel Erz wie im Gesamtsand (3,4%) und etwas mehr Granat als dort: 6,7%, wobei grundsätzlich bemerkt werden muß, daß die Werte von wenigen Prozent natürlich mit höheren Fehlern behaftet sind als die höheren Prozentwerte; doch wird man auch diesen noch mehrere Einer Fehlergrenze zubilligen müssen, so daß es eigentlich überflüssig erscheint, Stellen nach dem Komma anzugeben.

Der Vergleich von 6 mit 4 ergibt somit, daß im braunen Sand gegenüber dem gewöhnlichen Flugsand eine Anreicherung der Schwermineralien erfolgt ist, daß aber hier wie dort das gleiche Verhältnis zwischen Erz und Granat herrscht, bzw. das gleiche Verhältnis wie im Flugsand auch im braunen Sand noch gewahrt ist. Der Schluß, daß somit der braune Sand sein Mischungsverhältnis der gleichen auslesenden Kraft verdankt wie der gewöhnliche Flugsand, liegt nahe. Mit anderen Worten: brauner Sand ist nichts anderes als eine Fazies des Dünensandes — ein Befund, der sich durchaus mit dem deckt, was die Geländebeobachtung bereits erkennen läßt. Diese legt aber auch die Vermutung nahe, daß der braune Sand nicht etwa eine Vorstufe der Seifenbildung ist, sondern ein Auslese- bzw. Abbauprodukt — oder, wenn man so will, ein Abbaurückstand — der Strandwallseifen, womit dann auch der Flugsand wenigstens z. T. die Abbauprodukte der Strandwallseifen enthalten muß.

Zusammenfassung betreffend die Proben 1 bis 6 westlich von Warnemünde

Das Primärseifenmaterial, das unmittelbar aus dem Geschiebemergel herkommt, ist relativ erzreich; es scheint, als ob sich mit zunehmender Entfernung vom Kliff sowohl das Verhältnis Erz : Granat ausgleicht, als auch die Körnung und Kornverteilung gleichmäßiger wird, derart, daß der Mineralbestand der Hauptsiebfraktion nicht mehr wesentlich von dem des Gesamtsandes abweicht.

Brauner Sand erscheint als Fazies des Flugsandes; beide enthalten Auslese- bzw. Abbauprodukte der Strand- (Strandwall-) Seifen.

Mineralbestand der Seifen östlich von Warnemünde

1. Die Strandwall-Lagerstätten I und II (Proben 7—11)

Probe 7 repräsentiert ein Normalkonzentrat aus der Lagerstätte I östlich der Warnow. Sie enthält

	im Gesamtsand	in der Hauptsiebfraktion
	%	%
Erz	30,8	42,1
Granat . . .	39,9	40,2
Quarz	21,9	13,2

Während der Erzanteil in der Siebfraktion 0,12 bis 0,25 mm ⌀ größer ist als im Gesamtsand, bleibt der Granatanteil gleich; der Quarzanteil ist in der Siebprobe wesentlich geringer als im Gesamtsand. Nach den bisherigen Erfahrungen würde man diese Probe als „normal" bezeichnen: knapp 80% (Kornzahlprozente) Schwermineralien im Gesamtsand, darunter, ebenfalls auf den Gesamtsand bezogen: 30% Erz und 40% Granat, bzw. in der Hauptfraktion beide zu etwa 40% vertreten. Die vorliegenden Geländeerkundungen und mineralstatistischen Feststellungen zeigen, daß der „Normalfall" der Seifenzusammensetzung keineswegs so regelmäßig verwirklicht ist, wie man bisher anzunehmen geneigt war — und geneigt sein durfte, da ja die Untersuchungen aller bisherigen Autoren in diesem Sinne zu sprechen scheinen. Tatsächlich aber scheint es nur so; denn offenbar sind alle bisherigen Proben oder wenigstens die Mehrzahl derselben bewußt oder — was wahrscheinlicher ist — unbewußt einseitig nach dem Eindruck des reichsten Schwermineralgehaltes entnommen worden.

Probe 8 entstammt dem Westende der Lagerstätte II, 50 m vom Ausklingen entfernt, also etwa in Höhe von Kilometer 0,95, und repräsentiert eine besonders hochkonzentrierte Partie. Sie enthält nach den Feststellungen von Fräulein ENZENROSS:

	im Gesamtsand	in der Fraktion 0,12—0,25
	%	%
Erz	44,0	47,6
Granat	46,5	44,6
Quarz	4,1	3,9
Andere	5,4	3,9

Fast noch mehr als die vorige entspricht diese Probe dem Bild, das man bisher für normal gehalten hat. Die vorliegenden Ermittelungen aber beweisen, daß es sich um den Grenzfall einer besonders hoch konzentrierten Seife handelt, der nicht verallgemeinert werden darf.

Probe 9 entstammt ebenfalls der Lagerstätte II, jedoch einem Punkt in Höhe des Straßenkilometersteines 1,1, also mitten aus der Lagerstätte, und zwar der Luvkante eines Strandwalles. Diese Probe vertritt demnach den wichtigen Lagerstättentyp der „Strandwall-Seifen". Die Probe enthält:

	im Gesamtsand	in der Fraktion 2,12—0,25 mm ⌀
	%	%
Erz	16,5	20,6
Granat	5,5	10,3
Quarz	62,5	60,9
Rest	15,5	18,2

Von demselben Punkt des Strandes, jedoch nicht aus dem Strandwall, sondern aus dem landwärts gelegenen tieferen Strandteil zwischen Strandwall und Düne, stammt Probe 10: schwarzer Sand, der nach dem Geländebefund als Auswehungsprodukt der Strandwallseife aufgefaßt werden muß. Der mineral-statistische Befund lautet:

	im Gesamtsand	in der Hauptfraktion	in 0,25—0,49
	%	%	%
Erz . . .	8,0	13,7	7,6
Granat . .	4,6	11,5	4,5
Quarz . .	74,1	59,8	76,5
Rest . . .	13,3	15,0	11,4

Das Verhältnis Erz : Granat im Gesamtsand ist nahezu das übliche, nämlich annähernd 2 (1,7), in der Fraktion 0,12—0,25 hingegen rückt es in Nähe 1 : 1. Auffallend hoch ist der Anteil an sonstigen, nicht den Hauptgruppen angehörenden Mineralien mit 13,3 bzw. 15%. Auffallen muß ferner die hohe Beteiligung der Schwermineralien an der gröberen Siebfraktion (0,25—0,49 mm ⌀), die den sonstigen Erfahrungen widerspricht. Es ist bemerkenswert, daß der Erzanteil hier nicht stärker zurückgeht. Doch ist zu bedenken, daß allein 84,8 Gewichtsprozent des Gesamtsandes auf diese Fraktion entfallen, während in den meisten übrigen bisher behandelten Proben die als Hauptfraktion bezeichnete Siebfraktion 0,12—0,25 mm ⌀ in dieser Größenordnung liegt: sie macht aus in

Probe	1	81,3	Gewichtsprozent
	2	75,4	„
	3	79,7	„
	4	82,4	„
	5	77,5	„
	6	68,5	„
	7	62,2	„
	8	84,55,	„

während die schwarzen Sande naturgemäß aus diesem Rahmen fallen.

Auch, um das vorwegzunehmen, in den folgenden Proben 12—16 herrscht die „Hauptfraktion" durchaus vor. Lediglich Probe 10 macht die erwartete Ausnahme. Es liegt nahe, anzunehmen, daß das Strandwallgut (Probe 9) landwärts (leewärts) verweht wird und daß der größere Teil, der von feinerem Korn ist, bis zur Vordüne gelangt, während die verhältnismäßig wenigen gröberen Körner aller Mineralien schon vorher — nämlich in der Senke zwischen Strandwall und Vordüne — hängen bleiben. Mit dem Einsetzen stärkeren Windes werden auch sie wieder ins Wandern kommen und vielleicht auch bis in die Vordüne gelangen (vgl. hierzu die Ausführungen über die Vordünenkonzentrate, S. 22f). Probe 11 repräsentiert ebenfalls einen „schwarzen" Sand, doch aus der östlichen, „schwarzen" Fortsetzung der Lagerstätte II. Dieser Sand enthält

	im Gesamtsand	in der Fraktion 0,12—0,25	0,25—0,4
Erz . . .	15,1	nicht gezählt	13,8
Granat .	7,7		3,7
Quarz .	67,2		68,4
Rest . .	10,0		14,0

Zusammenfassung betreffend die Proben aus Strandwallseifen östlich von Warnemünde (Proben 6—11)

Östlich von Warnemünde erscheint die Zusammensetzung des Mineralbestandes der Seifen („Lagerstätten") weitgehend ausgeglichen: Der Schwermineralanteil steigt auf 78,1—95,9 Kornprozent, davon — bezogen auf den Gesamtsand — 30,8 bis 44% Erz und 39,9—46,5% Granat. Die Erzvormacht ist weitgehend gebrochen, Granat und Erz etwa gleichberechtigt. Hauptfraktion bleibt zwischen 0,12 und 0,25 mm ⌀; einzige Ausnahme der sog. schwarze Sand, der als Sonderfall der seifenbedingenden Voraussetzungen erscheint. Die bisher in der Literatur verzeichneten Prozentzahlen beruhen vorwiegend auf der Untersuchung höchstkonzentrierter Seifenproben, sind daher nicht zu verallgemeinern. Für die Genese ergeben die Proben 6 bis 11 wenigstens keinen Gesichtspunkt gegen die Herleitung des Materiales aus dem Kliff der Stoltera.

2. Die Vordünen-Lagerstätten zwischen Markgrafenheide und Rosenort (Proben 12—16)

Probe 12 ist der äolischen Vordünen-Seife in etwa 500 m Entfernung nördlich vom südlichen Meßtischblattrand „Fischerbuden" entnommen und im Notizbuch als „hochkonzentrierte Partie aus der Vorhalde der Vordüne" bezeichnet. Sie repräsentiert eine Vordünenseife in reiner Form und ist in der Annahme entnommen worden, eine typische Vordünenprobe zu gewinnen. Die Farbe der Seife spricht für Vorherrschen des Granatanteiles, sowie für einen hohen Anteil an Schwermineralien im Gesamtsand.

Die mineralstatistische Auszählung durch Fräulein ENZENROSS ergab folgendes Bild:

	im Gesamtsand %	in der Hauptfraktion %	Gewichtsanteil der Hauptfraktion am Gesamtsand:
Erz	36,9	32,7	88,25%,
Granat	33,6	38,6	der Fraktion
Quarz	19,5	21,1	über
Sonstige	10,0	7,6	0,25 mm 11,2%

Das Seifenmaterial erscheint also nach seiner mineralischen Zusammensetzung außergewöhnlich ausgeglichen: Erz + Granat (zu etwa gleichen Teilen) mit rund 70%, Quarz rund 20%, sonstige Schwermineralien rund 10%.

Probe 13 stammt aus der gleichen Situation, auch von der gleichen Strandstrecke wie die vorige Probe, und ist im Feldbuch ebenfalls als hochkonzentriert bezeichnet. Makroskopisch unterscheidet sie sich von der vorigen höchstens durch einen etwas helleren Farbton, also vielleicht etwas geringere Konzentration. Anlaß für die Entnahme zweier an sich gleichartiger und gleichwertiger Proben von derselben Stelle war die Absicht, zu prüfen, ob sich auf kleinstem Raum und bei gleichartigen äußeren Umständen Unterschiede in der Zusammensetzung von äolischen Seifen zeigen. Die mineralstatistische Untersuchung erab:

	im Gesamtsand %	in der Hauptfraktion %	deren Gewichtsanteil am Gesamtsand
			87,1%
Erz	37,2	40,1	der Fraktion
Granat	37,8	37,0	über
Quarz	18,1	15,0	0,25 mm 12,2%

Das Bild der mineralischen Zusammensetzung beider Seifenproben ist demnach nahezu gleich, die Unterschiede liegen innerhalb der unvermeidlichen Fehlergrenzen.

Probe 14 und Probe 15 stammen von der gleichen engbegrenzten Strandstrecke: die eine (14) aus der Sandhalde der Düne und die andere (15) aus einem unmittelbar benachbarten Strandwallkonzentrat. Die Absicht dieser Art der Probeentnahme war, zu prüfen, ob irgendwelche genetischen Beziehungen zwischen Strandwallkonzentrat und Vordünenseife bestünden, etwa in der Art, daß das Strandwallkonzentrat eine Vorstufe der Anreicherung in der Sandhalde der Vordüne oder aber auch, daß diese die Mutterformation des Strandwallkonzentrates sei. Die Proben stammen von einer Stelle etwa 300 m südl. Punkt 1,9 auf Blatt Fischerbuden (1738).

Während Probe 14 — Vordünenkonzentrat — zwar nicht sehr schwermineralreich erscheint, im Schwermineralanteil jedoch die Granatfarbe deutlich neben der des Erzanteils hervortritt, zeigt Probe 15 — Strandwallkonzentrat — die normale Farbe des „roten" Schwermineralsandes, wenn auch nicht in der hohen Konzentration der vorigen Proben.

Der Gewichtsanteil der Hauptfraktion 0,12 bis 0,25 mm am Gesamtsand beträgt

	in Probe 14 57,6%,	in Probe 15 82,9%,
der der Fraktion über 0,25 mm	42,0%,	16,1%.

Die Proben unterscheiden sich demnach in folgenden Punkten:

Die Vordünenseife zeigt, abweichend von allen bisherigen Ergebnissen, nicht das übliche starke Vorherrschen der „Hauptfraktion" 0,12—0,25 mm. Vielmehr ist diese nur zu 57—58% am Aufbau des Sandes beteiligt, während die nächstgrobe Fraktion (0,25—0,49 mm) den ungewöhnlich hohen Wert von 42% erreicht, beide zusammen somit nahezu 100% des Gesamtsandes der Vordünenseife ausmachen. Der weitaus größere Teil der Schwermineralien ist jedoch auch hier in der „Hauptfraktion" vorhanden. Im Strandwallkonzentrat (15) herrscht das gewohnte Verhältnis, insofern als Fraktion 0,12 bis 0,25 mm mit rund 83% neben 16% der „Nebenfraktion" durchaus im Vordergrund steht. Auch hier liegt der weitaus größere Teil der Schwermineralien in der Hauptfraktion vor. Da die Zusammensetzung des Schwermineralanteils sich in den beiden Proben nicht grundsätzlich unterscheidet, fällt die Seife auf dem Strandwall nicht aus dem üblichen Rahmen heraus, während die äolische Vordünenseife den Eindruck erweckt, als sei ihr Schwermineralinhalt zwar der gleiche wie an den sonstigen Stellen, als sei er jedoch in eine ihm sonst fremde Umgebung geraten. Mit anderen Worten: als sei Schwermineralgut mit Dünensand gemischt worden. Dieses Ergebnis verträgt sich durchaus mit der durch den Augenschein gewonnenen Vorstellung, daß das Strandwallkonzentrat das Primäre, die Vordünenseife das Sekundäre und aus jenem hervorgegangen sei.

Im Gesamtsand			In der Hauptfraktion 0,12—0,25 mm		In der Nebenfraktion über 0,25 mm	
Probe Nr.	14 %	15 %	14 %	15 %	14 %	15 %
Erz	37,1	42,2	43,5	45,0	9,6	?
Granat	31,9	39,8	34,0	36,1	12,2	?
Quarz	20,7	11,1	13,4	11,2	7,3	?
Sonstige Schwermineralien	10,2	6,9	9,0	7,7	7,9	?

Ergebnis des gleichen Mischungsprozesses innerhalb der Vordüne schien an Ort und Stelle der gelegentlich in der Sandhalde der Vordüne auftretende „braune" Sand zu sein, der ebenfalls aus dem Material der Strandwallkonzentrate entnommen und durch äolische Entmischung aus demselben hervorgegangen zu sein scheint. Es wurde deshalb in Probe 16 ein derartiger „brauner" Sand untersucht, der aus der Sandhalde der Vordüne, etwa 600 m südl. vom Waldrand (Blatt Bad Müritz 1739), also etwa vor dem Südende des Heiligen-Sees, entnommen worden ist. Makroskopisch unterscheidet sich dieser Sand, zumal in trockenem Zustand, kaum von normalem Flugsand der Dünen, außer daß der Gehalt an dunklen Körnchen vielleicht etwas höher ist als dort. Im bergfeuchten Zustand jedoch zeigt der Sand einen Farbton, der deutlich als braun bzw. schwärzlich-braun zu gelten hat.

Der braune Sand der Probe 16 enthält:

	im Gesamtsand	in 0,12 bis 0,25 mm	in 0,25 bis 0,49 mm
	%	%	%
Erz	24,9	36,5	16,2
Granat	18,9	30,9	5,8
Quarz	49,1	20,4	72,9
Sonst. Schwermin.	6,7	12,2	5,1

Die Fraktion 0,12—0,25 ist mit 19,5 Gewichtsprozenten, die Fraktion 0,25—0,49 mit 78,9 Gewichtsprozenten am Gesamtsand beteiligt — ein ungewöhnliches Bild der Korngrößenverteilung. Auch hier liegt der absolut größere Teil der Schwermineralien in der gröberen Fraktion, nämlich mit Korndurchmessern zwischen 0,25 und 0,49 mm, vor. Nach den Feststellungen von Fräulein ENZENROSS an einer beliebigen Mischprobe vom Oststrand von Warnemünde ergibt sich, daß die Erzkörnchen nur ausnahmsweise Durchmesser von etwa 0,35 mm erreichen, im Durchschnitt aber solche von 0,075 mm haben. Der Granat hat nach den gleichen Untersuchungen einen durchschnittlichen Korndurchmesser von 0,18 mm und erreicht vereinzelt solche von 0,2—0,35 mm. Das bedeutet für unsere Probe 16, daß in ihr eine Auslese seltener Korndurchmesser vereinigt ist, der „braune" Sand somit entweder ein Ausblasungs- bzw. Ausleseresiduum darstellt oder aber ein Sediment örtlich hoher Windstärken. Nach den Umständen, unter denen brauner Sand auf der begangenen Küstenstrecke zwischen Nienhagen und Rosenort auftritt, liegt es näher, in ihm Auswehungsreste zu sehen, zu deren Transport die normale sommerliche Windstärke, die den „normalen" Seifensand zu bewegen vermag, nicht ausreicht; denn selbstverständlich ist Wind- und Wassertransport nicht nur vom Verhältnis der Transportkraft zum relativen Gewicht der Körner (spez. Gewicht), sondern auch zu dem absoluten Gewicht abhängig, das seinerseits Funktion der Korngröße ist. Mit zunehmender Transportkraft, beispielsweise des Windes, werden also nacheinander in Bewegung geraten: Quarz- und Feldspatkörner, kleine Erz- und mittlere Granatkörner, mittlere Erz- und größere Granatkörner, große Erz- und große Granatkörner, dazu abgerollte Gesteinsbruchstücke. Die Folge davon ist, daß der braune Sand vielerorts in ein gröberes Strandsediment übergeht, in dem nun nicht mehr die Erz- und sonstigen Schwermineralkörner die Hauptrolle spielen und die Farbe bestimmen, sondern Gesteinsbruchstücke in kiesigen Korngrößen. Demnach stellt also der „braune" Sand — ebenso übrigens auch in gewissem Sinne der „schwarze" Sand — eine Bildung dar, die zwischen der normalen Schwermineralseife und gröberen Strandsedimenten vermittelt.

Zusammenfassung betreffend die Proben 12 bis 16: Vordünenseifen zwischen Markgrafenheide und Rosenort

Aus der Diskussion der Proben 12—16 ergibt sich u. a.: Die Vordünenseifen, angereichert in der Sandhalde am seeseitigen Hange der Vordüne, in dem stillen Winkel, den diese mit der Strandfläche bildet, zeigen bei etwa gleichstarker Beteiligung von Erz und Granat und einem Anteil von 7—10% sonstiger Schwermineralien einen Schwermineralgehalt von rund 80%. Der Rest von 20% entfällt auf Quarz und andere Leichtmineralien. Auch das „Vordünenkonzentrat" der Probe 14 weist eine ganz ähnliche Zusammensetzung auf, zeigt jedoch eine Korngrößenzusammensetzung, die infolge des Hervortretens der nächstgroben Fraktion von dem gewohnten Bild abweicht. Diese Korngrößenzusammensetzung wurde als Mischungsprodukt gedeutet; sie lehrt, daß in der Vordüne zwei verschieden entstehende Seifen vertreten sein können: Die normale Zusammensetzung deutet darauf hin, daß einfach der Korn- und Stoffbestand einer Strandwallseife in die Vordüne übertragen werden kann; der Mischbefund hingegen deutet darauf hin, daß die Strandseifen vor der Übernahme in die Dünenseife erheblich aufbereitet werden können. Ein Stadium dieses Aufbereitungsvorganges wird durch den braunen Sand repräsentiert, während die Strandwallseife, aus der das Vordünenkonzentrat hergeleitet werden muß, keine Besonderheiten zeigt, auch nicht in bezug auf die Korngrößenzusammensetzung. Der braune Sand hingegen erweist sich als Aufbereitungsrückstand bei Windsichtung des Seifenmateriales, gemischt mit Strandsedimenten von einer Korngröße, die über der der Masse der sonstigen äolischen Strandsedimente liegt.

Wie von vornherein auf Grund des Ortsbefundes zu vermuten war, widerspricht der schwermineralstatistische Befund nicht der Herleitung der äolischen Vordünenseifen aus den am Strand liegenden Strandwallseifen, vielmehr ist er durchaus geeignet, ihn zu stützen: Sommerliche Vordünenseifen beziehen ihren Schwermineralanteil somit aus den Strandwallseifen, wobei der Wind als Transportmittel dient, seiner unbeständigen Natur entsprechend jedoch neben dem transportierten Gesamtgut auch Aufbereitungsprodukte und -rückstände absetzt, d. h. Schwermineralseifen von verschiedenen Gehalten, Mischungsverhältnissen und Korngrößen liefert.

c) Entstehung und weitere Entwicklung der sommerlichen Seifen beiderseits von Warnemünde

Aus den vorhergehenden Abschnitten, welche die äußere Erscheinung der Seifen und ihre mineralische Zusammensetzung zum Gegenstand der Behandlung haben, ergibt sich für die Entstehung und den Lebensgang der Strand- und Dünenseifen an der Küstenstrecke von Nienhagen bis Rosenort in großen Zügen vorerst folgende Vorstellung:

Die Herkunft, zum mindesten eines Teiles des Schwermineralgutes aus dem Diluvialkliff ist erwiesen. Sowohl in Geschiebemergel, wie auch in Geschiebesanden des Kliffes ist ein gewisser Schwermineralanteil vorhanden, und zwar ist für die Stoltera, als das Hauptherkunftsgebiet für unseren Untersuchungsbereich, durch LEINZ und SINDOWSKI (dessen Werte zum Vergleich in Klammern) folgende Zusammensetzung des Schwermineralanteiles im Geschiebemergel der Stoltera ermittelt worden:

	Älterer Geschiebemergel östlich des Geinitzsteines	Jüngerer Geschiebemergel westlich des Geinitzsteines	Zum Vergleich:
Erz	1,5% (Titanit)	0,8%	(0,9 %Titanit)
Granat	15,4%	18,7%	(19,0%)
Zirkon	4,0%	3,8%	(3,5%)
Titanaugit	4,5%	4,5%	(?)
Rutil	1,9%	1,9%	(1,7%)

gelangten Erdreiches umfaßt. Zu diesem Anteil aber gehört ein großer, wenn nicht der größte Teil der Schwermineralkörner des Kliffs. Diese sind offenbar infolge ihres relativ hohen spez. Gewichtes weit weniger als die Leichtmineralkörner und das feinere und feinste Gesteinsgut der Gefahr ausgesetzt, in die offene See vertragen und dort dem Strandkreislauf für lange Zeit, wenn nicht für immer, entzogen zu werden. Das bedeutet, daß der Hergang des Küstenzerfalls und des Kliffabbruches an sich bereits eine Aufbereitung und Sonderung nach der Schwere im Gefolge hat.

Die Schwermineralien des Kliffs gelangen auf verschiedene Weise in den Strandkreislauf: Schon

Quantitativ herrscht also Granat mit 15—19 Kornzahlprozenten durchaus vor, während „Erz" überraschend zurücksteht, ja, sogar erheblich unter den für Zirkon angegebenen Werten zurückbleibt, woraus hervorgeht, daß der Mineralbestand der Primärseifen vor dem Kliff (S. 18) bereits als Aufbereitungsprodukt aufzufassen ist. Die Werte, die besonders SINDOWSKI für den Schwermineralgehalt von Strand- und Dünensand, von äolischen und marinen Seifen angibt, dürften für unsere Zwecke aus dem oben angegebenen Grunde nicht in Frage kommen (vgl. S. 17).

Die Ansicht, daß als Herkunftsgebiet der Schwerminerale weniger die Diluvialschichten des Kliffs als diejenigen des Meeresbodens, soweit sie im Schälbereich der Brandung liegen, wichtig sind, ist durch die hier mitgeteilten Beobachtungen weder widerlegt, noch gestützt worden. Die Beantwortung dieser Frage würde eine Spezialuntersuchung erfordern. Die Vorgänge der Abrasion und des submarinen Transportes, soweit sie in der südlichen Ostsee bekannt sind (vgl. z. B. D. WIRTZ 1946) und die persönlichen Beobachtungen des Verfassers (nicht veröffentlicht) an großen Teilen der deutschen Ostseeküste während dreier Jahrzehnte sprechen vielmehr dafür, daß im allgemeinen der Materialaustausch zwischen Meer und Küste weit mehr gegen die See als gegen das Land hin gerichtet ist. Das gilt für alles Feinere ohne weiteres. Das gröbere Material hingegen, etwa in der Größenordnung des Strand- und Dünensandes, geht zu einem erheblichen Teil in See, wo es schon in geringer Wassertiefe alsbald festgelegt wird; nur zu einem, sicher weit unter 50% liegenden Anteil bleibt es vorerst im strandnahen Bereich der Sandwanderung, aus dem es zu einem weiteren Teil wieder auf den Strand gelangt und dort vom Wind aufgenommen werden kann, vielfach aber auch wieder — durch erhöhten Seegang — in See gelangt. Somit operiert die See beim Auf- und Abbau des Strandes und der strandnahen Dünen immer wieder mit dem gleichen Material, das nur einen Teil des durch Kliffabbruch wirklich in See

die oben geschilderte Freilegung durch fließendes Wasser, das aus dem Kliff austritt und zu dessen Zerstörung wesentlich beiträgt, bedeutet eine erste Anreicherung der schwereren Teilchen. Abb. Taf. III beweist es ohne viel Worte. Je nach Fließgeschwindigkeit und Wassermenge werden entweder nur die Erzteilchen angereichert oder aber diese zusammen mit den Granaten und anderen Schwermineralen. Was unmittelbar am Fuße des Kliffes liegen bleibt oder beim Versickern des Kliffgrundwassers (auch Dränwasser wirkt in beträchtlichem Umfange mit) auf dem Strande zum Absatz kommt, ist natürlich stark gefährdet: Schon erhöhte Niederschläge und noch mehr höherer Seegang, sogar schon verstärkter Wind sind in der Lage, diese ersten winzigen Primärseifen wieder fortzuräumen.

Das fortgenommene Seifengut rollt dann zum großen Teil, letzthin wahrscheinlich zu 100%, in den Bereich der Brandung, wobei hier unter „Brandung" allein die kombinierte Wirkung von Schwall und Sog zu verstehen ist, d. h. die des auflaufenden und ablaufenden Wassers, unabhängig von der Höhe des Seeganges oder der Windstärke. Brandung in unserem Sinne wäre also auch das geruhsam atmende Spiel der Dünung bei windstillem Wetter ebenso wie starke Brandung bei Sturm und Sturmflut. Die seemännische Bevölkerung verwendet den zutreffenden Ausdruck „Seeschlag". Hier im Bereich des Seeschlages begegnet das Seifenmaterial den Schwermineralkörnern, die bereits anfangs bis hierher gelangt sind.

Es begegnet auch denjenigen Körnern, die erst in See aus dem Küstenmaterial ausgewaschen worden sind, das durch großmaßstäblichen Abbruch im ganzen in die See gelangt ist oder aber, auf dem Strand liegen geblieben, dort durch den Seeschlag allmählich zerstört und zerstreut wird.

Das Wechselspiel von Schwall und Sog, also des „Seeschlages" (Abb. Taf. III—V), ist durch v. ENGELHARDT (1937) physikalisch analysiert worden, so daß hier auf den Hergang im einzelnen nicht eingegangen zu werden braucht. Jedenfalls resultiert auch hier wiederum eine Anreicherung des Schwereren und zwar an derjenigen Stelle bzw. auf derjenigen Linie, auf der entweder die Transportkraft des landwärts rollenden Schwalles erlahmt, oder aber dort, wo der ablaufende Sog den ankommenden Schwall in seiner lebendigen Kraft und damit in seiner Transportkraft lähmt. Es entsteht somit entweder ein Spülsaum, der dem höchsterreichten Wasserstand des Schwalles entspricht, oder es bildet sich in geringer Wassertiefe, die meist nur 1—3 dm beträgt, ein kleiner submariner Kieswall (z. B. Fig. 16 und V, 2). Dieser setzt sich aus gröberen Sandkörnern von Leichtmineralien und aus winzigen, d. h. kiesgroßen, abgerollten Gesteinsbruchstücken, also Kleingeröllen, auf der einen Seite zusammen, auf der anderen enthält er die zwar kleineren, aber schwereren Schwermineralbestandteile. Während die Spülsäume je nach Witterung und Windstärke dem Zugriff des Windes anheimfallen können, verbleiben die Bestandteile des submarinen Kieswalles für längere Zeit in diesem, wandern hier die Küstenlinie im Sinne der Strandversetzung entlang und gelangen allmählich zu einem gewissen, im Grenzfall 100% betragenden Ausmaß Körnchen für Körnchen auch ihrerseits in die Spülsäume, vorausgesetzt immer, daß der Wasserstand der See gleich bleibt. Sinkt er jedoch, so wird auch der submarine Kieswall dem Winde preisgegeben; steigt er, so verschwindet alles, was soeben erst entstanden war. Das Spiel beginnt auf der neuen Strandlinie. Je stetiger also die Witterung, insbesondere je gleichmäßiger Windstärke und Windrichtung als die Faktoren, von denen der Seespiegelstand abhängt, durch längere Zeit bleiben, desto günstiger sind die Voraussetzungen zur Seifenbildung.

Daß alles, was einmal über den engsten Bereich des submarinen Strandes (der Schorre) hinaus in See gelangt ist, nicht leicht wieder zum Strand zurückfindet, ist wahrscheinlich: denn schon in wenigen Metern Entfernung von der Strandgrenze, d. h. in höchstens 1,5 m Wassertiefe, begegnet man kaum mehr gröberen als gewöhnlichen Sandkörnern, Schwermineralkörnern in größerer Zahl dagegen niemals. Ebenso ist es eine jederzeit wiederholbare Erfahrung, daß der Seeboden bereits in Strandnähe derart fest gelagert ist, daß es nicht ganz leicht ist, die dort befindlichen Sandrippeln zu zerstören. Selbst beträchtlicher Seegang, bei dem Baden eben noch ohne Gefahr möglich ist, vermag von diesem festgelagerten Sandboden nur einen winzigen Anteil zu bewegen und auch das nur für kurze Augenblicke: Lediglich aus den Tälern der Rippeln hebt sich unter jeder darüber hingleitenden Welle eine winzige „Wolke" von feinem Sand, die alsbald wieder zur Ruhe gelangt, ohne daß sichtbare Teile dieser Wolke den Bereich der heimischen Rippel verlassen.

Wir müssen unter diesen Umständen die Spülsäume als die Hauptquellen für das Schwermineralgut der Strandseifen ansehen, wobei keineswegs geleugnet wird, daß die Spülsäume ihrerseits aus der See her gespeist werden können, wenn es auch scheint, als ob in der Hauptsache das der Stranddrift folgende Material in den Spülsäumen auf den Strand gelangt (Taf. V sowie S. 54 ff).

Das Schicksal der Spülsäume kann wiederum verschieden sein: Konstante, ruhige Wetterlage wirkt sich naturgemäß anders aus als auffrischender Wind, als einsetzende Niederschläge oder gar als Sturm und Sturmflut. Eine Schilderung des Werde- und Lebensganges unserer Seifen begegnet ja immer wieder der gleichen Schwierigkeit: Der Vorgang, der zur Anreicherung oder zur Anlagerung von Schwermineralien führt, kann bei der bescheidensten Intensitätsänderung das eben Geschaffene wieder zerstören, das angereicherte Material wieder zerstreuen — er kann aber auch die neue Seife erheblich verstärken, bereichern. Der gleiche Wind, der die Seife schafft oder sie in einen stillen Winkel verlagert, kann sie durch darübergewehten Quarzsand sofort wieder dem Blick entziehen. Die gleiche Brandung, die eben noch Schwermineralsäume hinterlassen hat, kann in der nächsten Minute das ganze Gut wieder in See reißen und es an einen anderen Ort tragen. Sie kann aber auch das soeben abgesetzte Material mit dem nächsten Schwall weiter strandeinwärts tragen und es damit für Monate dem weiteren Zugriff ihrer selbst entziehen. Nicht nur von Ort zu Ort wechseln die Voraussetzungen der Seifenbildung, sondern auch in der Zeit sind sie stetem Wandel unterworfen; und dieser zeitliche Wandel ist weitgehend und im Endeffekt — wenn man überhaupt von Endeffekt reden kann bei Erscheinungen, die nie ein wirkliches Ende erreichen — eine Funktion nicht nur der Jahreszeiten an sich, sondern vielleicht noch viel mehr des von Jahr zu Jahr verschiedenen Ablaufes der bestimmenden Jahreszeiten. Wenn sich aber trotzdem herausstellt, wie weiter unten gezeigt werden wird, daß die Seifen nach Ort und Lage eine gewisse Konstanz erkennen lassen und daß sie sich auch nach völliger Zerstörung durch Natur oder Menschenhand alsbald am alten Ort wieder neu zu bilden vermögen, so spricht das für den bestimmenden Einfluß stationärer, jedenfalls nicht zeit- und wetterbedingter Bildungsfaktoren (S. 49ff.).

Was wird nun aus den an Schwermineralien hier und da reichen Spülsäumen?

Bei ruhigem Seeschlag (Dünung) und gleichbleibendem, ruhigem Wetter werden sie durch jeden folgenden Schwall neue Zufuhr erhalten. Da aber immer die eine oder andere Welle weiter auf den Strand hinaufläuft als die Mehrzahl, wird das im Spülsaum niedergelegte Strandgut einschließlich der schweren Körner in gewissen Abständen ein Stückchen landwärts vertragen. Das bedeutet, daß der bleibende Spülsaum nicht dem normalen Ausklingen des Schwalles seine Lage verdankt, sondern dem Ausklingen der stärksten Schwalle im Rahmen einer gegebenen Wetterlage. Damit ist die Gefahr, daß das Spülgut alsbald wieder fortgenommen wird, erheblich herabgesetzt. Die Aussicht auf längere Lebensdauer des Spülsaumes steigt. Es steigt aber auch die Aussicht, daß das einmal ausgeworfene Gut Zeit hat, zu trocknen und damit in die Lage zu kommen, vom Wind aufgenommen und weitergetragen zu werden.

Die Linie, bis zu der auf diese Weise das Spülgut mit seinem Schwermineralanteil gelangt, ist im allgemeinen die Luvseite und die luvseitige Kante des ersten Strandwalles. Hier werden die schweren Bestandteile liegen bleiben, während die leichteren, wie Weichtierschalen, sofern sie nicht zu groß sind, und ausgeworfene Algen, unter Umständen bis über die Strandwallkante hinausgelangen und die landseitige flache (Lee-)Böschung des Strandwalles hinabgetragen werden (Abb. V, 1 u. 2).

Die Präexistenz eines Strandwalles ist nicht Voraussetzung für die Entstehung dieser Art von Seifen, denn die Linie, auf der die Tragkraft des Schwalles erlahmt, ist an sich die bevorzugte Linie des Materialabsatzes. So wird hier zwangsläufig ein anfänglich bescheidener Strandwall oder auch nur — wie v. ENGELHARDT es nennt — ein Sandwall entstehen, der seinerseits fördernd auf den Absatz der Seifen einwirkt. Daß beim Absetzen des Schwergutes die Böschung des Strandwalles bzw. das Verhältnis der Neigung zur lebendigen Kraft des Schwalles eine Rolle spielt, versteht sich von selbst. Der genannte Autor hat die Beziehungen untersucht und hat dabei gefunden, daß unter den bei Warnemünde gegebenen Umständen eine Neigung von mehr oder weniger 10° dem Absatz von Schwermineralien besonders günstig zu sein scheint. Bei Böschungen unter 5° soll sich überhaupt kein Schwersand absetzen, bei Böschungen über 15 bis 17° (höhere Werte sind anscheinend nicht beobachtet worden) soll die Menge des abgesetzten Gutes steigen. Ergänzend wäre hierzu zu bemerken, daß es auch einen oberen Böschungswert zu geben scheint, bei dem kein Absatz mehr erfolgt. Das hängt wohl damit zusammen, daß bei steiler werdenden Böschungen auch die Transportkraft des zurückflutenden Soges zunimmt. Allerdings ist nicht sicher, ob bei dieser Überlegung nicht Ursache und Wirkung vertauscht sind. Es kommt hinzu, daß Strandwallbildung und Seifenabsatz dort, wo Schwermineralien in bemerkbarer Menge in der Küstendrift wandern, ein und derselbe Vorgang sind: wie Strandwälle aus Sand, Kies oder Geröll, aus Weichtierschalen, Echinodermen, Quallen, Tang, Treibholz oder auch Landinsekten aufgehäuft werden können, so in diesem Fall eben aus schwermineralhaltigem Sand. Selbstverständlich kann sich der geschilderte Hergang ebensogut wie am jeweils tiefstgelegenen Strandwall auch an einem der höher gelegenen — den Frühjahrs-, Herbst- und Winterwällen — abspielen. Da aber höherer Seegang zeitlich immer beschränkter ist als mittlerer oder niederer, wird die bei höherem Seegang abgesetzte Strandwallseife mit dem Abklingen des Sturmes bzw. des Seeganges für längere, oft für sehr lange Zeit erneuten Zugriffen der See entzogen bleiben; und damit steigen die Aussichten für solche Seifen in und auf inaktiven Strandwällen, nicht nur, erhalten zu bleiben, sondern auch, durch Windwirkung angereichert und veredelt zu werden.

Diesem Vorgang unterliegt jede Strandwallseife, sofern die Windstärke, die auf den Zeitraum ihrer Bildung folgt, nicht ausreicht, die trocken gefallenen Schwermineralsande wieder fortzunehmen. Anderenfalls wird die Seife in der Mehrzahl der Fälle in Richtung auf die Düne, d. h. landwärts getragen, dabei mit dem normalen Leichtmineralsand gemischt und somit wieder verdünnt, und zwar bis zu einem Grade, der nicht über dem des Ausgangsmateriales, etwa des Geschiebemergels, zu liegen braucht, ja, manchmal unter dessen Konzentrationswerte absinkt. Es läßt sich wohl nicht sagen, wie hoch der Prozentsatz des wieder zerstreuten Schwersandes ist, wieviel also der Anreicherung zu Seifen vorerst wieder entzogen wird. Verloren geht während des Sommers auf die Dauer wahrscheinlich nur ein Bruchteil davon.

Vorerst jedoch muß der weitere Hergang der Anreicherung auf Strandwällen kurz geschildert werden, also derjenige Vorgang, der zur Bildung der auffälligsten Seifen auf der beschriebenen Küstenstrecke führt. Wir gehen von der ersten Anreicherung von Schwermineralen auf Luvseite und Kante des sommerlichen Walles aus:

Der Schwermineralsand lagert sich ursprünglich auf der Kante und in ihrer Nachbarschaft auf dem Strandwall ab, in der gleichen Situation, wie unter graduell abweichenden Umständen auf anderen Strandwällen sich Geröll absetzt. (Daß es daneben, und zwar gelegentlich in großem Maßstabe auch Strandwälle gibt, die nahezu ausschließlich aus Geröll aufgebaut werden, z. B. der Heilige Damm oder auch die Küstenstrecke zwischen der Stoltera [Geinitzstein] und Nienhagen, gehört nicht hierher.) Das ist also die Linie, auf der die lebendige Kraft des „Seeschlages“ im Auslaufen des Schwalles erlahmt. Erreicht das auflaufende Wasser die Strandwallkante, so wird es auch darüber hinweg landwärts fließen und dabei natürlich nicht nur die Leichtmineralkörner, sondern auch einen Teil der schweren Minerale mitnehmen und sie auf der Leeböschung des Strandwalles absetzen, denn hier versickert alsbald ein Teil des überschlagenden Wassers und verliert an Transportkraft. Da das Versickern schnell erfolgt, werden auch die schwereren Teilchen alsbald liegen bleiben. Sie bleiben somit in der nächsten Nachbarschaft der Wallkante, jedoch leewärts derselben.

Hohe Wasserstände, die im Schwall die Strandwallkante erreichen und überschreiten, sind meist nicht von allzulanger Dauer. Die Zeiträume, in denen die Strandwallkante trocken liegt, sind länger. Meist fallen die hohen Wasserstände in den Frühling bzw. Spätwinter, sowie in die Zeit der Herbststürme. Dazwischen bleiben die Strandwälle zumeist trocken liegen; oder, anders ausgedrückt: Diejenigen Wälle, die den größten Teil des Sommers — zwischen den Hochständen des Frühjahres und des Herbstes — nicht überspült werden, nahezu trocken liegen, inaktiv bleiben, sind die Träger der beständigen Seifen; denn von den aktiven Wällen werden die Anreicherungen der Schwerminerale sehr bald wieder fortgespült, sofern überhaupt welche zum Absatz gelangen. Es sind diejenigen Wälle, die dem im Sommer durchschnittlich hohen mittleren Wasserstand entsprechen.

Während der Zeit der Inaktivität, die den ganzen Sommer währen kann, spielt sich folgender Hergang ab: Der Wind, der im größeren Teil des Sommers von der See her landwärts weht, entfernt ständig die leichteren Körner aus dem Bereich der Strandwallkante und trägt sie landwärts, zumeist in die hinter dem Wall sich hinziehende Senke, bei größeren Windstärken auch weiter bis auf den nächsten Strandwall und über diesen hinaus an den Fuß des Dünenkliffs bzw. wo dieses fehlt, auf die Düne selbst. Dadurch reichert sich der Schwermineralgehalt der Kantenseife an, die Decke von rotem Sand wird immer reiner und mächtiger. Die liegende Quarzsandschicht wird eines Tages ebenfalls angegriffen und, wenn die Witterung konstant bleibt, allmählich entfernt. Auf diese Weise werden auch die tieferen Schwermineralllagen mit der Deckschicht vereinigt, so daß diese örtlich bis zu mehr als Dezimeterdicke anschwellen kann. Die tieferen Schwermineralsandlagen sind fast ausnahmslos geringer mächtig als die Deckschicht. Diese Feststellung gilt nicht nur für die diesjährigen Beobachtungen auf der zur Rede stehenden Küstenstrecke, sondern ganz allgemein für die Beobachtungen aller Autoren und auch des Verfassers an der gesamten deutschen Ostseeküste. Es liegt also eine allgemeine Gesetzmäßigkeit vor und kein Zufall, den man etwa mit den besonderen Witterungsverhältnissen der Beobachtungszeit erklären könnte.

Was im unmittelbaren Bereich der Strandwallkante oberhalb des sommerlichen Mittelwalles zum Absatz kommt, bleibt dort im allgemeinen während des Sommers auch liegen. Der Teil jedoch, der über die Kante hinausgelangt ist, befindet sich auf der schiefen Ebene des Leehanges in labiler Lage und wird bereits bei geringeren Windstärken weiterbewegt als das Material auf der Kante. Das gilt in erster Linie naturgemäß für den Leichtanteil, also den Quarz und den Feldspat. Die Folge davon ist eine fortdauernde Erniedrigung der höchsten Teile des Strandwalles und damit dessen Verebnung: Die Oberfläche des Strandwalles verliert allmählich ihre Gliederung in einen Luv- und einen Leehang und wird terrassenförmig abgeplattet. Da aber gleichzeitig der Luvhang durch gelegentliche Angriffe seitens der Brandung und Eingriffe seitens des Windes versteilt wird, ergibt sich für den Strandwall im Laufe des Sommers schließlich die Form eines „Hochplateaus", das gegen die See durch einen bis zu einem halben Meter hohen Steilhang (Kliff) begrenzt wird, nach der Landseite aber allmählich in die anschließende Senke, die den ersten Strandwall vom nächsten trennt, übergeht (Fig. 3 u. a.). Sowohl das Strandwallkliff, wie auch die Hochfläche werden zu gleicher Zeit immer stärker von Schwermineralsand überrollt, so daß die Seife allmählich an Breitenausdehnung gewinnt und shließlich den ganzen, verebneten Strandwall überzieht (Abb. VI, 1). Da jedoch die sekundären Teile der Seife, die durch Überrollung und anschließende Anreicherung entstehen, an Mächtigkeit geringer sind als der Kern der Seife auf der Kante, so geschieht es, daß diese Teile der herbstlichen Zerstörung leichter und vollständiger zum Opfer fallen, als der Kern. Die Folge davon ist, daß sich Seifenprofile von der Art der Abb. VI, 2 in erster Linie im Bereich der Kante finden, während die Profile im landwärtigen Strandwallteil viel lückenhafter, geringmächtiger, schwermineralärmer sind, ja, daß weithin die älteren Schwermineralllagen völlig fehlen, die Deckschicht somit auf reinem Strandsand liegt. Die oberflächliche Ausdehnung der spätsommerlichen Seifen darf daher nicht dazu verleiten, die im Bereich der Kante erschürften Profilmächtigkeiten und -gehalte zu verallgemeinern.

Starker Wind und ausnehmend hohe Sommerwasserstände können die neugebildete Seife jederzeit wieder abtragen und zerstreuen. Die Regel aber ist, daß dies nicht geschieht, sondern daß nur Teile derselben landwärts wandern: Gelegentlich überschlagendes Wasser, in erster Linie jedoch Wind, unterstützt durch die Schwerkraft, und dann und wann auch schwere Niederschläge tragen einen Teil der Körner von dem höchsten Punkt der Seife über den Leehang des Strandwalles in die anschließende Senke. Diese Senke erweist sich allgemein als ein Bereich erhöhter Transportkraft des Windes, d. h. sie erscheint gegenüber den anderen Strandpartien oft geradezu blankgeblasen: Feines Material kommt hier normalerweise nicht zum Absatz, vielmehr findet man hier meist den glatten, festen Strand und auf ihm sehr häufig Geröllschleier, auch Muschelschalen, Treibholz und ähnliches Strandgut. Außerdem ist hier die bevorzugte Sammelstelle für relativ grobkörnigen, schweren Sand („brauner" Sand) und feinen Kies, der nicht aus Einzelmineralen, sondern aus Gesteinsbruchstücken besteht (Fig. 4).

Was in dieser Senke keinen Halt findet, weil es zu leicht oder zu klein — und infolgedessen zu leicht — ist, wandert weiter auf den nächsthöheren Strandwall, sofern ein solcher vorhanden ist, sonst bis in den stillen („toten") Winkel am Fuße des Dünenkliffs. Hier sammelt sich nicht nur Leichtmineralsand an, der vorwiegend aus Quarz, daneben aus Feldspat besteht, sondern auch Schwermineralsand. Eine weitere Sonderung nach der Schwere ist auf der behandelten Küstenstrecke im allgemeinen nicht möglich, da die Düne in einem kleinen Kliff zum Strand abbricht, das nahezu senkrecht steht, in seinen obersten Teilen sogar nicht selten überhängt, da Rasendecke und Wurzelwerk den an sich losen Sand zusammenhalten. So niedrig dieses Kliff für gewöhnlich ist — seine Höhe hält sich zwischen einem und mehreren Metern —, so reicht doch die Tragkraft des normalen Sommerwindes nicht aus, größere Mengen von Quarzsand, geschweige denn die Schwermineralkörner über das Hindernis hinwegzutragen, zumal es mit Rollen nicht getan wäre. Infolgedessen kommt hier, in der Sandhalde am Fuße des Dünenabfalles, im Gegensatz zu den anderen Strandpartien, der leichte Sand gemeinsam mit dem schwereren Material zur Ruhe. Selbstverständlich erfolgt die Anfuhr nicht stetig, sondern periodisch: Zwar ist auch bei normalen und schwächeren Winden ständig ein wenig Quarz auf der landwärtigen Wanderung begriffen; aber das schwere Gut wird natürlich erst bei erhöhter Windstärke bewegt. Es gelangt infolgedessen nicht in gleichmäßiger Verdünnung in die Vordünenhalde, sondern zu gewissen Zeiten in stärkerem, für gewöhnlich in schwächerem Maße. Selbst aber wenn es gleichzeitig mit der mehr oder weniger anhaltenden Zufuhr von Leichtmaterial in die Halde gelangte, würde es sich hier doch sofort nach dem Nachlassen des Windes infolge seiner höheren Wichte von dem Quarzsand trennen und sich bevorzugt am Fuße der Halde ansammeln. Mit anderen Worten: Auch hier wird sich eine Seife bilden, die aus abwechselnd tauben und schwermineralhaltigen Lagen besteht, dies umsomehr, als die Böschung der Halde so steil ist, wie es der leichte Anteil erlaubt, und die schweren Körner daher auch ohne das Eingreifen des Windes, der Niederschläge usw. nach unten rollen. Sobald der Wind nachläßt, wird nur noch oder wenigstens doch vorwiegend Leichtsand herangetragen, der die Anreicherung alsbald eindeckt und sie dem Blick entzieht. Er entzieht sie aber auch dem Zugriff des Windes und damit der weiteren Konzentrierung. Im Gegensatz zur Strandwallseife unterliegt somit die Vordünen-Seife während des Sommers für gewöhnlich keinen durchgreifenden sekundären Veränderungen. Die einmal abgesetzte Schwermineralschicht bleibt in der anfänglichen Reinheit und Mächtigkeit konserviert. Erhebliche Verstärkung des Windes aber vermag die ganze Sandhalde am Fuße des Dünenkliffs wieder abzutragen oder wenigstens umzulagern. Es ist denkbar, daß hierbei eine erneute Sonderung Platz griffe, indem der leichte Anteil fortgeführt, der schwere aber liegengelassen wird. Die Folge müßte auch hier eine Verdickung der Seifenlagen und ihre Konzentrierung sein. Normalerweise aber tritt dieser Fall nicht ein; denn wenn der Wind so stark wird, daß er den Leichtsand über das Kliff hinauszuheben vermag, dann ist er auch stark genug, die schweren Körner zu befördern und die Seife, anstatt sie zu konzentrieren, zu zerstreuen.

Wo aber — was auf der hier besprochenen Strecke nicht der Fall ist — die Düne, die den Strand nach der Landseite hin abschließt, nicht als Kliff abbricht, sondern sich in ungestörter Böschung aus dem Strande erhebt, ist eine Saigerung auch bei geringerer Windstärke beobachtet: Da wird bei geeigneter Windstärke der Quarzsand den Luvhang der Düne hinaufrollen, der Schwersand aber am Fuße liegen bleiben und sich anreichern. Dieser Fall scheint früheren Autoren besonders vorgeschwebt zu haben. Es wird weiter unten noch einmal davon zu reden sein. Zunehmender Wind jedoch wird auch in diesem Falle Leichtes und Schweres zugleich befördern und die Schwerminerale mehr oder weniger gleichmäßig dem Dünensand beimengen. In und mit der Düne wird das schwere Gut weiter wandern oder aber festgelegt werden — für die Seifenbildung ist es damit verloren.

Daß in diesen Hergang der abwechselnden Ablagerung, Anreicherung und Verdünnung der Seifen jederzeit auch fließendes Wasser eingreifen und ihn örtlich abwandeln kann, braucht kaum erwähnt zu werden. Sowohl von See her in die Strandsenken übertretendes Wasser, wie auch aus dem Dünenfuß quellendes Grundwasser — ein Fall, der bei Vorhandensein einer undurchlässigen Unterlage oberhalb des Normalwasserstandes nicht selten ist — können lokale Saigerungen vornehmen, die jedoch den Gesamthergang nicht ändern, ihn nur vorübergehend verzögern können. Es entstehen höchstens ephemere Wasserseifen in Strandvertiefungen oder streifige Musterungen vorhandener Seifenflächen (vgl. z. B. Abb. IX 1 u. 2).

Ebenfalls braucht nicht besonders erwähnt zu werden, daß nicht immer alles Gut etwa zerstreuter Seifen in die Düne übergeht oder daß die Vordünenseifen jederzeit sofort eingesandet werden. Selbstverständlich kann auch, zumal beim Umspringen des Windes, ein Teil des Seifenmateriales wieder in See gelangen. Doch wird es dort nicht über die Zone der Stranddrift hinausgetragen werden, bleibt somit dem Kreislauf erhalten.

Es zeigt sich immer wieder, daß Seifen nur dann entstehen, wenn die Anlagerung gegenüber der Zerstreuung überwiegt. Sie sind also immer und überall wandelbar, sind im einzelnen niemals von Dauer, wenn sie auch im großen immer wieder in den gleichen Räumen entstehen, in denen die Gewähr gegeben ist, daß die Anlagerung und die Anreicherungsvorgänge auf die Dauer stärker sind als die zerstörenden Kräfte, selbst wenn diese örtlich und zeitlich auch einmal überwiegen sollten.

So ist auch mit der Aufnahme des Schwergutes in die Vordünenhalde, ja selbst in die Hauptdüne die Neubildung bzw. die weitere Wandlung von Seifen noch nicht für alle Zeiten, nicht einmal für den Sommer, abgeschlossen. Am wenigsten gilt das — wie bereits gestreift wurde — für die Vordünenseifen: Die Sandhalde am Fuße des Dünenkliffs ist eine durchaus vergängliche Bildung. Jeder stärkere Wind nimmt Körnchen um Körnchen fort, verlagert es allerdings im wesentlichen in der Längsrichtung der Halde, entzieht es ihr also meistens nicht. Sowie aber die See bis an den Dünenfuß schlägt — und das ist, wenn nicht in jedem Sommer, so doch gelegentlich der Fall —, dann verschwindet die Halde ganz oder zum großen Teil sehr schnell, sie wird über den Strand zerstreut. Damit verteilen sich auch die Schwermineralkörner über eine große Fläche bis hinein in die Brandung und auf die Schorre. Hier stehen sie dem Kreislauf erneut zur Verfügung.

Anders steht es mit der Hauptdüne. Diese wird nur selten angegriffen, noch seltener in großen Stücken völlig beseitigt. Nur hohe Sturmflut, wie sie alle paar Jahrzehnte einmal auftritt, durchbricht den Hauptwall der Vordüne bzw. die etwa als einzige vorhandene Düne. Im Beobachtungsgebiet beispielsweise wurde die kleine Düne vor der Niederung des Heiligen-Sees auf einer kurzen Strecke im Beobachtungsjahr am 1. März beseitigt. Den Zustand dieses Stückes zur Zeit der hier mitgeteilten Feststellungen, also im September desselben Jahres, veranschaulicht Fig. 6 in schematischer Darstellung. Das Ergebnis des Durchbruches, soweit es hier von Belang ist, war die völlige Beseitigung des niedrigen Dünenwalles und die Übersandung des Hinterlandes im Bereich der eindringenden Wassermassen. Was im September noch an Seifen in diesem Bereich zu finden war, war bedeutungslos. Ob anfangs stärkere Anreicherungen vorhanden gewesen sind, ist nicht bekannt. Doch selbst wenn wirklich nennenswerte Seifen vorhanden gewesen sein sollten, so zeigt der gegenwärtige Befund doch, daß davon nichts geblieben ist — d. h. daß auf diesem Wege in unserem Gebiet namhafte Seifen wohl nicht zu entstehen vermögen.

Auch allgemeine Überlegungen sprechen dafür, daß die Entstehung von Seifen auf dem Umweg über die Abtragung ganzer Dünenpartien und die relative Anreicherung des Schwermineral-Inhaltes dieser Dünen (vgl. S. 38f) unwahrscheinlich ist, zum mindesten aber, daß diese Möglichkeit, die natürlich besteht, weit überschätzt wird. Der Grundgedanke dieser Vorstellung ist der, daß die Düne als Ganzes abgeräumt wird und daß ihr Inhalt an Schwermineralkörnern, der bis dahin in der Masse des Leichtsandes diffus verteilt war, zurückbleibt und in Form eines mehr oder weniger mächtigen Schleiers auf die Strandfläche bzw. die Unterlage der verschwundenen Düne „projiziert" wird.

Wenn auch zugegeben werden muß, daß diese Möglichkeit besteht und daß auch gewisse Beobachtungen, wie sie besonders Trusheim (1935) diskutiert, dafür sprechen, so muß doch gefragt werden, ob das Bild, das Trusheim auf Wangeroog vorgefunden hat, nicht auch auf andere Weise hat zustande kommen können; insbesondere ist durchaus denkbar, daß bereits vorhanden gewesene Seifen, etwa vom Typ unserer „Vordünenseifen“, durch die Beseitigung der Düne nur freigelegt worden sind, daß also die Anreicherung der schweren Minerale bereits vorhanden gewesen ist und nicht erst als Begleiterscheinung des Abtragungsvorganges zustande kam.

Man stelle sich den Ablauf der Dünenzerstörung anläßlich einer Sturmflut vor: Der bewegte Wasserspiegel steigt innerhalb weniger Stunden um 1,5 und mehr Meter über seinen Normalstand, bleibt einige Stunden auf dieser Höhe und sinkt dann, langsamer als er angestiegen war, wieder auf Normal ab. Schon der Anstieg um 1,5 m würde mehr als genügen, den gesamten Strand in dem zur Rede stehenden Bereich bis an die Düne unter Wasser zu setzen und auch ein gutes Stück an der Düne emporzubranden. Nach früheren Beobachtungen verschwinden kleine Dünenwälle von den Ausmaßen, wie sie zwischen Markgrafenheide und Rosenort vorliegen, unter Umständen innerhalb einer halben Stunde, mehrere Meter hohe Dünen werden im Zeitraum von wenigen Stunden, während des Höhepunktes der Sturmflut, beseitigt. Das bedeutet, daß die Abtragung nicht etwa Korn um Korn erfolgt, sondern daß jede anbrandende Welle Sandmassen mit sich reißen muß, die nach Kubikmetern zu messen sind. Und das besagt wiederum, daß Kräfte im Spiel sind, denen gegenüber die winzigen Schwere- und Korngrößenunterschiede etwa zwischen Quarzsand und Schwermineralen völlig belanglos sind. Wenn die Sturmflut eine Düne abträgt, so ist es unmöglich, daß eine Sonderung des Dünengutes nach der Körnung oder nach der Schwere erfolgt. Es ist denkbar (und beobachtet — S. 44), daß zur Zeit des Abklingens der Flut vorübergehend eine Saigerung oder Neuanspülung von Schwergut möglich ist. Doch sind zu dieser Zeit die weitaus größten Mengen des vorhanden gewesenen Schwermineralsandes schon längst fortgeführt. Es ist auch vorstellbar, daß etwa im Dünenfuß, in der Vordüne, vorhanden gewesene Seifen, sofern sie erst zur Zeit des Abklingens freigelegt werden, teilweise am Ort verbleiben, ja, sogar noch angereichert werden. Dem entspricht auch die alte Erfahrung gelegentlich der Werbung von Schwermineralsand an unserer Küste, wie sie in vergangenen Jahrzehnten gepflegt wurde (vgl. u. S. 61): Sollte die Ausbeute an Schwermineralsand möglichst groß sein, so mußte die Werbung unmittelbar nach dem Abklingen von NE-Stürmen, eben den Stürmen, die die Sturmfluten im Gefolge haben können, erfolgen, denn schon wenige Tage später war von dem durch den Sturm freigelegten Segen wenig mehr zu finden. Dabei ist aber immer noch nicht einwandfrei zu beantworten, ob der nach NE-Stürmen auftretende Schwermineralsegen durch diese herangeschafft worden ist — einige Autoren, insbesondere WASMUND, sind dieser Auffassung — oder ob der Sturm nur vorhandene Dünen- oder Vordünenseifen freigelegt bzw. Strandwallseifen an das Dünenkliff verlagert hatte. Ohne daß ich es belegen könnte, will mir scheinen, daß die letztere Möglichkeit die größere Wahrscheinlichkeit für sich hat, d. h. daß durch die Sturmfluten zwar Dünen zerstört, aber nicht nach der Korngröße und -schwere aufbereitet werden können, daß aber unter ihnen vorhandene Anreicherungen von Schwermineralien freigelegt werden. Geschieht dies im Endstadium der Flut oder gar erst während des Abschwellens, so können die entblößten Dünenseifen erhalten bleiben. Aber sie werden, wenn sie nicht in dieser Phase doch noch beseitigt werden, eingesandet und so dem Blick und der Gewinnung entzogen. Daher wohl die Ansicht, daß man Aussicht auf gute Ausbeute nur unmittelbar nach dem NE-Sturm hat.

Wie bei allen die Seifenbildung positiv oder negativ beeinflussenden Faktoren ist es mit der Betrachtung der Faktoren selbst nicht getan; vielmehr muß deren Außmaß, deren Intensität in Betracht gezogen werden. Das Gesagte bezieht sich lediglich auf wirkliche Sturmfluten, die mindestens das Ausmaß von 1,5 m Wasseranstieg aufzuweisen haben. Geringere Fluten, die aber doch den Dünenfuß erreichen, also höher sind, als der höchste Strandwall liegt, sind naturgemäß häufiger als die wirklich bedeutsamen Sturmfluten. Auch sie zerstören die Düne; doch erfolgt der Abbau in weniger stürmischen Zeitmaß. Dafür vollzieht er sich aber auch in quantitativer Hinsicht viel bescheidener. Da die Dauer solcher Fluten nicht größer ist, als bei den großen Fluten, ist ihre Wirkung im Vergleich zu diesen begrenzt. Die Möglichkeit zur Bildung einer Residualseife als Überrest und letzter Spur einer beseitigten Düne ist damit ebenfalls beschränkt, wenn auch die Stärke der Brandung vielleicht eine Sonderung der Mineralkörner zulassen kann. Wirklich namhafte Seifen können also auf diesem Wege nicht entstehen. Wo es doch den Anschein hat, wo nach dem Abklingen einer solchen kleineren Hochflut beachtenswerte Seifen zurückbleiben, da dürfte es sich an unserer Küstenstrecke — nur von dieser ist hier die Rede — um entblößte, freigespülte Vordünenseifen handeln oder um umgelagerte Strandwallseifen. Ihr Material wird bald wieder im toten Winkel vor dem nunmehr etwas landeinwärts verlegten Dünenkliff zusammengefegt werden (soweit es nicht durch die ablaufende Flut mit auf die Schorre hinausgetragen worden ist). Hier vereinigt es sich mit dem Schwergut, das aus den zerstörten Dünenteilen, aus fortgeführten Strandwallseifen und von den übrigen Teilen des Strandes herstammt und geht gemeinsam mit diesem erneut in den Kreislauf ein. Auf die Dauer verloren ist nur derjenige Anteil der Seifenmineralien, der mit dem Material der zerstörten Düne durch die einbrechende See ins Hinterland getragen worden ist, wo er von der Pflanzendecke der feuchten Niederungen und der Wälder, sowie von den Wasserflächen der Haffe festgehalten wird. Im letzteren Fall aber besteht die Möglichkeit, auf die zumal WASMUND hinweist, daß das Mineralgut erneut zu Uferseifen angereichert wird, diesmal jedoch auf der Haffseite der Nehrung. Dieser Fall fällt genau genommen aus dem Bereich der vorliegenden Betrachtung heraus, da es sich nicht um eigentliche Strandseifen der Meeresküste handelt, sondern um die Seifenbildung in Binnengewässern, wie sie auch von Landseen mehrfach bekannt geworden ist. Der Unterschied zwischen diesen limnischen und den hier behandelten marinen Litoralseifen ist im übrigen nicht grundsätzlicher, sondern wohl nur gradueller Art; denn auch in Binnenseen führen die gleichen Vorgänge der Anlagerung, der Anreiche-

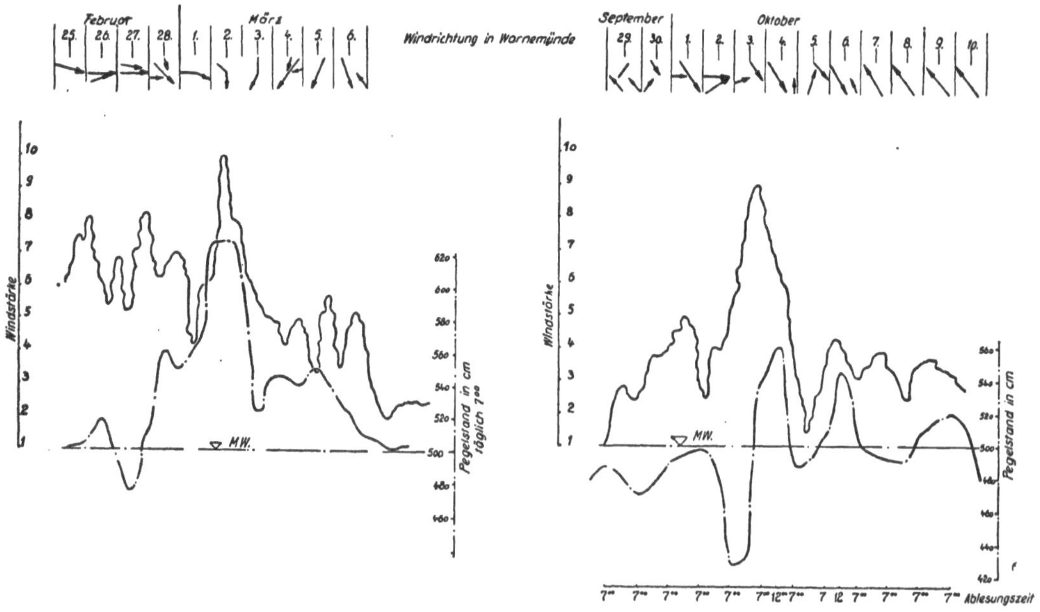

Fig. 7. Windrichtungen, Windstärken und Ostseewasserstand (Pegel Warnemünde) zur Zeit der Märzsturmflut und des ersten Herbststurmes 1949. Windrichtungen zusammengefaßt nach den Unterlagen der Meteorologischen Station Warnemünde, Windstärken (ausgezogene Linien) und Pegelstände (strichpunktierte Linien) nach Angabe der gleichen Stelle, letztere z. T. an Hand der Aufzeichnungen der Lotsenstation Warnemünde ergänzt

rung und der Zerstörung wie an der See zur Entstehung und Wandlung von Schwermineralkonzentraten.

Ausdehnung und Mächtigkeit der Seifen beiderseits von Warnemünde im Frühherbst 1949 sprechen dafür, daß die für die Bildung von Litoralseifen erforderlichen Voraussetzungen in den vorangegangenen Sommermonaten günstig, zum wenigsten nicht ungünstig gewesen sein müssen. Aus der Kenntnis der sommerlichen Witterung 1949 müßte sich demnach ableiten lassen, welcher Art die Witterung sein muß, um nennenswerte Litoralseifen entstehen zu lassen.

Die Meteorologische Station Warnemünde hatte die Liebenswürd gkeit, die zur Beurteilung erforderlichen Unterlagen zur Verfügung zu stellen. So konnten Angaben über die täglich und stündlich wechselnden Windverhältnisse, insbesondere Windrichtung und Windstärke, sowie über die täglichen Wasserstände am Warnemünder Pegel (S. 34) ausgewertet werden.

Es zeigte sich, eine keineswegs originale Feststellung, daß der Ostseewasserstand weitgehend als Funktion der örtlichen Winde zu deuten ist, daß aber auch Wasserstandsschwankungen vorkommen, die auf Grund der örtlichen Verhältnisse allein nicht verständlich sind. Im allgemeinen klärt ein Blick auf die synoptische Wetterkarte solche scheinbaren Unstimmigkeiten sofort. Wie weit jedoch auch im einzelnen die Beziehungen zwischen Windstärke und Windrichtung auf der einen, dem Wasserstand auf der anderen Seite gehen können, zeigt ein Blick auf die Windverhältnisse und Pegelstände zur Zeit der Sturmflut vom 1. 3. 1949, sowie die entsprechende Darstellung des ersten Herbststurmes des Jahres am 3. 10. 1949 (Fig. 7). Dabei erscheint in der Mehrzahl der Fälle die Richtung des Windes von größerer Bedeutung als seine Stärke, zum mindesten als seine Stärke allein; und bei der Windrichtung ist wesentlich, ob der Wind von Land her weht oder von See: Auflandiger (See-) Wind hebt den Wasserspiegel, ablandiger (Landwind) senkt ihn.

Als auflandige Seewinde wirken im Warnemünder Untersuchungsgebiet in der Hauptsache solche aus Nord und Nordost, z. T. auch aus Nordwest; ablandig wirken Winde aus Süd, Südost (diese besonders) und Ost. Südwestwind dürfte schwach ablandig wirken. Selbstverständlich haben die Windrichtungen für die von S nach N verlaufende Küste von Fischland und Darß andere Auswirkungen. (Während See- und Landwind ganz verschieden auf Wasserstand und Strandgeschehen einwirken, verlangt die Frage des Materialtransportes eine andere Einteilung der Winde nach wirksamen Richtungen: Ostdrift, d. h. östlich gerichtete Küstenversetzung, wird durch Winde aus W, NW und SW erzeugt, westliche Drift durch Winde aus SO, O und NO. Nordwind, der an sich selten ist, wirkt sich, stärker als die übrigen, verschieden je nach Küstenfiguration aus — vgl. Abschnitt „Küstenbilanz" S. 54ff).

Es würde nach dem Gesagten also ausreichen, wenn man die Winde nicht nach ihrer Herkunftsrichtung spezialisiert, sondern sie einfach in Land- und Seewinde gruppiert, wie es auf der Übersicht über die Windverhältnisse geschehen ist (Fig. 8). Schließlich genügt es, wenn man die Windrichtung unberücksichtigt läßt — sofern man nicht die Frage des Transportes und des Nachschubes klären will — und sich auf das Verhalten des Ostseespiegelstandes beschränkt, denn dieser ist das ausschlaggebende Agens, das über Werden, Bleiben und Vergehen der Seifen befindet.

Fig. 8 faßt für die gesamte Bildungs- und Anreicherungsperiode 1949 und darüber hinaus bis zum Jahresende die Wasserstände zusammen. Die Zeichnung beruht auf den Pegelbeobachtungen der Lotsenstation Warnemünde (mitgeteilt durch die Meteorologische Station Warnemünde) und verwendet für jeden Tag nur eine der drei Ablesungen, und zwar die Morgenablesung. Es hat sich gezeigt, daß die graphische Berücksichtigung auch der beiden anderen täglichen Ablesungen das Gesamtbild nicht wesentlich zu ändern vermag.

Es ist der Zeitraum zwischen der Sturmflut vom 1. 3. 49 und dem 31. 12. 49 dargestellt. Alles, was etwa vor dem 1. 3. vorhanden gewesen ist, ist durch die Sturmflut, die in Warnemünde einen Wasserstand von 129 cm über MW (MW Warnemünde = Pegelstand 500) brachte und somit den gesamten hier behandelten Strand von der Stoltera bis Rosenort restlos überflutet hat, beseitigt worden. Vor diesem Datum kann also die sommerliche Seifenbildung nicht begonnen haben, und daß sie grundsätzlich am 3. 10. d. J. ihr Ende fand, ist oben begründet worden. Zwischen diesen beiden Gipfeln der Wasserstandskurve liegt der Zeitraum, in dem die eingangs beschriebenen Litoralseifen entstanden und veredelt worden sind.

Hinsichtlich der vorherrschenden Windrichtungen ist dieser Zeitraum dadurch charakterisiert, daß bis zum Ende der ersten Junidekade keine Windrichtung besonders bevorzugt erscheint, abgesehen etwa davon, daß in der zweiten Maihälfte Landwinde sich vorübergehend durchsetzten. Im übrigen aber wechseln NW- mit SO-Perioden und mit solchen, in denen der Wind ständig wechselte und an manchen Tagen fast die ganze Windrose durchlief. Nach dem ersten Junidrittel aber setzte sich — man darf sagen: der Regel entsprechend pünktlich — die sommerliche Monsunwetterlage durch und brachte die deutliche Bevorzugung nordwestlicher (und westlicher) Richtungen, dann und wann selbstverständlich durch ein vorüberziehendes Tief beunruhigt und gestört. Von Mitte August bis in den September hinein war die Lage besonders wechselvoll, jedoch immer noch unter deutlicher Bevorzugung westlicher Richtungen. Ende September setzten sich vorübergehend erstmalig Winde aus

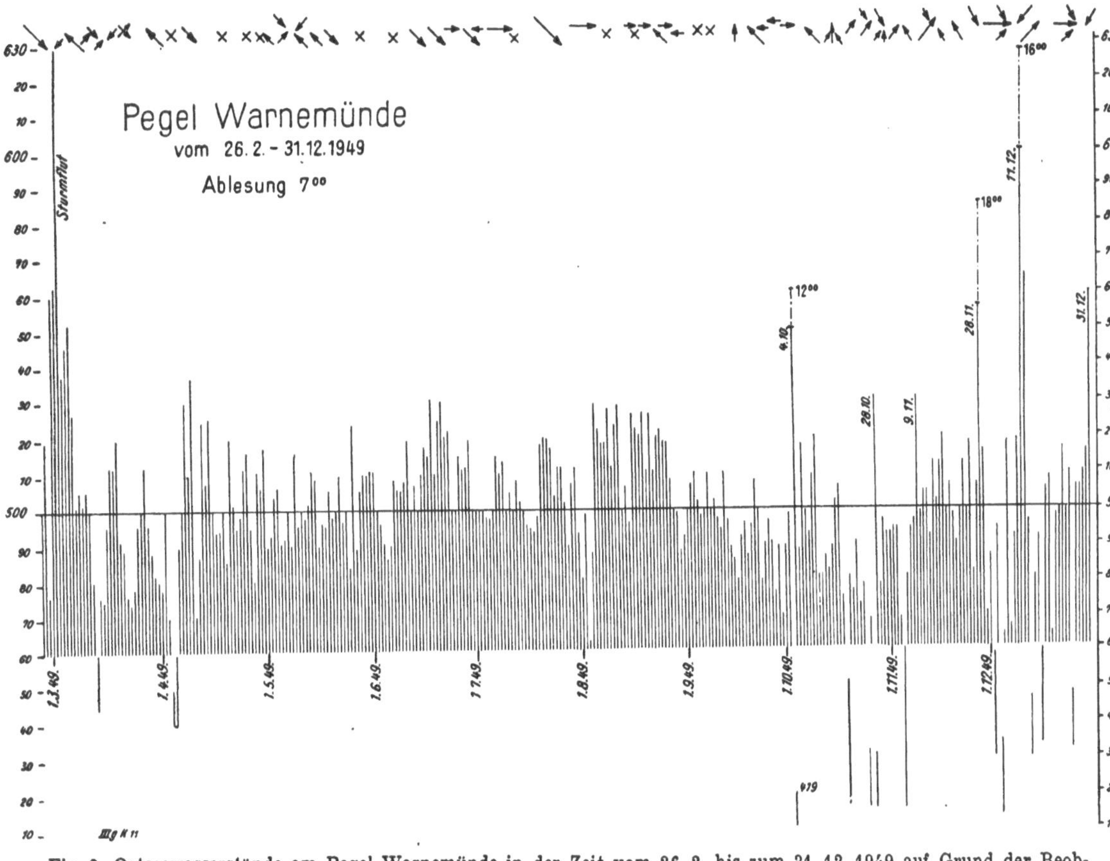

Fig. 8. Ostseewasserstände am Pegel Warnemünde in der Zeit vom 26. 2. bis zum 31. 12. 1949 auf Grund der Beobachtungen der Lotsenstation Warnemünde (Maße in Zentimeter, MW = 500). Die korrespondierenden Windrichtungen sind nach den Mitteilungen der Meteorologischen Station stark zusammengefaßt worden und geben nur die vorherrschenden Windrichtungen nach Quadranten. Kreuzchen bedeuten Winde aus allen Richtungen

Mit der Sturmflut am 1. 3. setzt die Periode der Seifenbildung im Beobachtungszeitraum ein. Die Zeit des sommerlichen, hohen, aber wenig schwankenden Seespiegels, in der die Anreicherung der Strandwallseifen vor sich ging, tritt deutlich hervor. Mit dem Sturm vom 3. 10. bzw. dem von ihm hervorgerufenen Hochwasserstand vom 4. 10., beginnen die starken herbstlichen Schwankungen des Wasserspiegels, die zum Um- und Abbau der Sommerseifen führen

Ablesung des Pegels: morgens. In Einzelfällen wurden außerdem auch zu anderen Tagesstunden abgelesene Werte hinzugefügt, so am 4. 10., am 28. 11. und am 11. 12. Die Ablesungszeiten sind beigesetzt dem Ost-Süd-Quadranten durch, die sich schon Ende August angekündigt hatten. Von Mitte September an überwogen Winde aus diesem Quadranten und von geringer Stärke — die typische Wetterlage des Altweibersommers. Für wenige Tage unterbrach ein Tiefdruckwirbel die Ruhe und zerstörte an einem Tag, dem 3. Oktober, was der Sommer aufgebaut hatte, weitgehend (Fig. 7).

Im vorliegenden Zusammenhang, d. h. in Rücksicht auf die Wasserstände und auf das Geschehen am Strande, sind aus diesen Feststellungen folgende Wesenszüge wichtig: Die von etwa Mitte Juni bis Anfang August währende Periode nordwestlicher Monsunwinde, die anschließende Zeit unruhiger, doch vorwiegend noch westlicher Winde und die vorangegangene Übergangszeit vom Frühling zur sommerlichen Beständigkeit, die erst am Ende des ersten Junidrittels aufhörte. Schließlich dürfte auch der Altweibersommer nicht ohne Einfluß auf die Fortbildung der Seifen gewesen sein.

Die Wasserstände der Ostsee korrespondieren mit den Windverhältnissen. Vom Junibeginn bis in die letzten Augusttage sinkt der Pegelstand erheblich seltener unter 500, d. h. unter MW, als vorher und nachher, damit bestätigend, daß die Sommermonate den höchsten und beständigsten mittleren Wasserstand aufweisen. In dieser Zeit wird mit Pegelständen zwischen 500 und 520 (bis 530) nicht allzu selten der (im September inaktiv befundene) mittlere Strandwall, der die Hauptseifen trägt, erreicht.

Die häufigsten Niedrigwasserstände weist die Zeit zwischen der Sturmflut (1. 3. 49) und Ende Mai auf. In diesem Zeitraum schwankt der Wasserstand oft und erheblich, so daß die Voraussetzungen für die Bildung und Erhaltung von Seifen weniger gut gewesen sein dürften, als diejenigen für den Antransport von Seifenmaterial. Der Zeitabschnitt nach dem sommerlichen Hochstand ist durch geringere Amplitude der Spiegelschwankungen und das Vorwiegen niedriger Wasserstände gekennzeichnet. Anfuhr dürfte in dieser Zeit kaum erfolgt sein, wohl aber äolische Anreicherung der im Sommer angeschwemmten Strandwallseifen.

So erscheint die Zeit des Frühjahrs und des Frühsommers als der Zeitraum der Bereitstellung des Seifengutes — Küstenabbruch in Luv (Stoltera) und Spiegelverhalten arbeiten Hand in Hand —, der Sommer häuft die Schwermineralien zu Seifen an, Spätsommer und Frühherbst veredeln die Seifen, der erste Herbststurm beginnt die Zerstörung und gleichzeitig die Entblößung und den normalen herbstlichen Abbau.

Das Material zerstörter (zerstreuter) Seifen kann sofort wieder zum Aufbau neuer Seifen verwendet werden.

Die gleichen Faktoren, die Seifen erzeugen, vermögen sie, je nach Intensität und Angriffsrichtung, sowohl zu verstärken und anzureichern als auch zu zerstören.

Neubau und Abbau können gleichzeitig nebeneinander hergehen, ja, sie tun es meistens, wenn nicht immer; so sind im Widerspiel der Kräfte drei Fälle möglich:

a) Es kommt nicht zur Entstehung einer bleibenden Seife,
b) eine vorhandene Seife bleibt quantitativ und qualitativ unverändert,
c) die vorhandene Seife wird trotz anhaltender Stoffzufuhr abgeräumt, je nachdem, ob Neubau oder Abtrag überwiegt.

Tabelle I

Faktoren der Seifenbildung und Seifenumbildung während des Sommers und Frühherbstes

Ort der Seife	Entstehung durch:	Umbildung durch:	Nebenfaktoren
Fuß des Kliffs	Fließendes Wasser	Zerstörung durch fließendes Wasser und Brandung	Schwerkraft
Strand vor dem Kliff	Fließendes Wasser	Wie vor	Zeitweise Wind
Spülsaum am Vorstrand (vor dem Strandwall)	Seeschlag	Anreicherung, Zerstreuung durch Brandung, evtl. Wind	Wind
Strandwall (verschiedene Höhe zu MW)	Seeschlag	Anreicherung durch Windauslese, Zerstörung durch Seegang und Wind	
Sonstiger Strand	Wind, seltener ablaufendes Hochwasser	Wind, seltener auch Hochwasser	
Toter Winkel vor der Vordüne	Wind	Wind, Höchstwasser	Schwerkraft
Vor- und Hauptdüne	Windabtrag der Düne; evtl. auch durch Sturmflutabtragung?	Verstärkung und Zerstörung durch Hochflut und Sturm	

Tabelle II

Typen der sommerlichen und frühherbstlichen Seifen an der Ostseeküste beiderseits Warnemünde

Litoralseifen

Typ und Ort der Seife	Sonderung und Ablagerung durch:	Umbildung durch:
Aquatische Litoralseifen: Fuß des Diluvialkliffs und Vorstrand des Kliffes	Fließendes Wasser	Erhöhte Transportkraft des fließenden Wassers, hohe Wasserstände (Brandung), selten Wind
Marine Litoralseifen: Vorstrand (vor dem Strandwall) (Spülsaum[1])	Auf- und ablaufendes Meerwasser	Auf- und ablaufendes Meerwasser bei verstärktem Seegang, selten durch fließendes Dünen- oder Kliffwasser
Strandwall (Strandwälle)	Wie vor	Anreicherung durch Wind, Minderung und Zerstörung durch Hochwasserstände, evtl. durch Sturm (?)
Äolische Litoralseifen Strand zwischen den Strandwellen (Strandsenken)	Wind, gelegentlich ablaufendes Hochwasser	Hochwasserstände (Sturm?)
Toter Winkel vor der Vordüne (Sandhalde)	Wind	Hochwasserstände (Sturm?)
Vor- und Hauptdüne	Wind	Sturm, Sturmflut

[1]) Spülsäume sind vor jedem der meist in der Mehrzahl vorhandenen Strandwälle möglich, dementsprechend gilt der Begriff „Vorstrand" in der obigen Definition immer für den jeweiligen Wasserstand.

Tabelle II a

Versuch einer genetischen Klassifizierung der sommerlichen und frühherbstlichen Litoralseifen

Neben der Typeneinteilung der Tabelle II nach dem Hauptbildungs-Agens in aquatische, marine und äolische Litoralseifen ist folgende genetische Gruppierung möglich:

I. Primärseifen: Bereitstellung des Schwermateriales am Kliff-Fuß und auf dem Strand.

II. Sekundärseifen (Vorkonzentrate):
   1. Spülsaum bei Normalwasserstand,
   2. Strandwall bei höherem Wasserstand,
   3. Dünensand:
      a) in der Dünenmasse selbst,
      b) im toten Winkel vor der Düne.

III. Hauptkonzentrate (Tertiärseifen):
   1. Anreicherung im Strandwall (durch Wind),
   2. Anreicherung im Toten Winkel (durch Windantransport und -auslese sowie durch gravitative Saigerung),
   3. Anreicherung der Schwermineralien der Düne bei Beseitigung der Düne durch Sturmflut — für unser Gebiet fraglich!

IV. Restkonzentrate (Residualseifen): ergeben sich bei Intensitätssteigerung der Vorgänge zu:
   III, 1 durch Hochwasserstand und mittleren Sturm (?),
   III, 2 durch Hochwasserstand und Sturm,
   III, 3 durch Sturmflut — für unser Gebiet nicht fraglich! —
   bis zur völligen Beseitigung.

Tabelle III

Stadien der sommerlichen und frühherbstlichen Seifenbildung und -umbildung im Litoralbereich.

1. Herkunft und Ausgangssituation: Auswaschung aus dem Kliff-Fuß durch Erosion (evtl. auch durch Abrasion am Meeresboden).
2. Transport über den Strand in See durch fließendes Wasser, evtl. auch durch Wind und Hochwasser („Brandung") — auf dem Weg über den Strand ist vorübergehende Ablagerung zu Strandseifen möglich —.
3. Aufnahme des Schwermateriales in die See durch ablaufendes Brandungswasser (Sog) und
4. Wanderung längs des Strandes je nach Windrichtung ost- oder westwärts; im Jahressaldo überwiegt Ostwanderung.
5. Ablagerung in Spülsäumen während der Strandwanderung, Dicke zumeist kaum meßbar; nur gelegentlicher höherreichender Schwall hinterläßt Säume von einiger Dauer, so daß die Mineralkörner abtrocknen und vom Wind aufgegriffen werden können.
6. Äolisch bedingte Bewegung auf den Strand zerstreut die Schwerminerale wieder — oder überführt sie in 5 a —.

   Bei relativ höherem Seegang statt 5:

   5 a) Bildung von Strandwällen („Sammel- oder Großspülsäume"), auf deren Kante, wie anderenorts Geröll, so hier Schwersand abgelagert wird.
   In derartige Strandwallseifen geht u. U. das Mineralgut 6 ein.

   5 a u. 6 unterliegen während des Sommers:
7. der Verebnung und Anreicherung der Seife durch Windsichtung und Entführung der Leichtmineralkörner.
   (5 a und 7 gelten für alle Strandwälle je nach Witterung und Seegang bzw. Wasserstand.)
8. Überspülung durch Hochwasser (selten im Sommer, meist erst im Herbst) trägt die oberste Seifenschicht, z. T. auch mehr, ab.
9. Die Schwerkörner gehen z. T. in See zurück, wo der Ablauf von 4 an erneut aufgenommen wird, — oder werden, wohl zum größeren Teil, landwärts auf die Düne zu vertragen —.
   9 a) dabei bleibt gröberes Material („brauner Sand") in der (den) Strandsenke(n) zurück, während

10. die Schwermineralien gemeinsam mit dem Leichtgut in die Sandhalde der Vordüne bzw. wo diese nicht angeschnitten ist, in diese selbst eingehen.
(Ein Teil des Strandwallgutes findet auch normalerweise diesen Weg; Transportmittel ist der Wind, selten nur auf- und ablaufendes Brandungswasser.)
11. Sonderung nach der Schwere in den unteren Teilen der Halde und Einsandung der Schwermineralschichten (Konservierung zu relativ beständigen Anreicherungen).
12. Windabtrag der Halde evtl. der Vordüne führt bei geeigneter Windstärke zu verstärkter Anreicherung, bei größerer Windstärke zur Zerstreuung bzw. Anlagerung in anderen leewärts gelegenen Haldenabschnitten, also ebenfalls zu Anreicherung.

Damit ist die Phase der Entstehung und Weiterbildung während des Sommers und Frühherbstes abgeschlossen.

Die hinsichtlich der Genese und der Lebensgeschichte unserer Litoralseifen gewonnenen Anschauungen weichen in einigen Punkten von bisherigen Ansichten ab. Die meisten Autoren haben, sofern sie der Frage der Genese überhaupt Aufmerksamkeit gewidmet haben, sich darauf beschränkt, einzelne Gesichtspunkte zu erwähnen. Im ganzen Umfang ist die Fragengruppe m. W. nur von CARLÉ (1944) und von WASMUND (1938) angefaßt worden.

CARLÉ kommt bei der Behandlung einer galizischen Ilmenitseife zur Aufstellung eines Stammbaumes, der hier nur umrissen zu werden braucht, um Übereinstimmungen und Abweichungen erkennen zu lassen. Der Weg des Ilmenits durchläuft folgende Hauptstufen: Vom anstehenden Kristallin über die Verwitterungszone zur Erzanreicherung durch fließendes Wasser, eingeleitet bzw. ermöglicht durch vorgängige flächenhafte Abtragung. Der anschließende marine Teil des Lebensweges führt zur Bildung von Strandseifen, die durch Rinnsale von der Düne her, in der Hauptsache jedoch durch Brandung und Sturmflut gespeist werden. Auswehung entnimmt den Strandseifen das Material, das z. T. auch auf das Kliff geweht und unterwegs weiter gesondert werden kann. Durch Sturmfluten wird der feinverteilte Erzgehalt der äolischen Lagerstätte und der älteren Kliffablagerungen „auf die Ebene der Schorre projiziert“. Der Weg verläuft also so: Anstehendes — Verwitterungsrinde — Wanderung im Flußgeschiebe — im Strandsand des Mündungsdeltas — auf der Schorre verteilt — auf der Schorre angereichert — in Dünen diffus verteilt — in Ausblasungssohlen angereichert — (von der Verwitterungsrinde kann der Weg auch zur Bildung von Eisensandstein im Mündungsgebiet führen — zur Festlegung im Kliff [als Eisensandstein] — auf der Schorre wieder freigelegt, angereichert und so fort wie oben).

WASMUND, der eine umfassende Erkundung der ganzen Küsten von Holland bis zur litauischen Grenze durchgeführt hat, erarbeitete einen „Lebenslauf“ der Schwermineralseifen, der durch folgende Stichworte gekennzeichnet sei: 1. Spülsäume und Batikmuster auf trockenfallenden Riffen — 2. desgleichen am Vorstrand, d. h. am seewärtigen Abfall des Strandwalles (in ständiger Wandlung begriffen) — 3. Aufwehen dieser Seifen über Strand und Dünen (z. T. auch in See zurückgespült), Einlagerung in Dünensand — 4. Anreicherung in der Vordüne als wichtigstes Stadium der Vorkonzentrierung; der Tote Winkel bevorzugte Ablagerungszone, hier auch Einwehung. Der Schwermineralgehalt hier schon etwas größer als im Geschiebemergel. Als 5. Stadium folgt die Bildung von „Lagerstätten“ als Funktion des Küstenrückganges, und zwar als Seegangswirkung bei Sturm in Form von Abbruch und Durchbruch — d. h. also Seifenbildung wie bei CARLÉ und bei TRUSHEIM (1935). Ganz offensichtlich hat die Ansicht TRUSHEIMs, die im Sonderfall Wangeroog — mit der oben erörterten Einschränkung (S. 29) — eine gewisse Berechtigung hat, die Auffassungen WASMUNDs und auch CARLÉs beeinflußt. Auch WASMUND gebraucht fast die gleiche Formulierung wie CARLÉ und vor ihm TRUSHEIM. Die so entstandenen Seifen sind nach WASMUND 5 bis 50 cm mächtig, 5—20 m breit und 200—2000 m lang (in einem Fall noch länger). Auf die Bildung der Lagerstätte folgt 6. Zerstörung oder Konservierung der „Wasserseifen“. Der Verlust, der bei der Zerstörung eintritt, wird roh auf 50% geschätzt, die in die Düne verweht werden, während die andere Hälfte in See geht, aber wiederkommen kann. Als einen Sonderfall erwähnt WASMUND die Bildung von Lagerstätten an Haffküsten. Was die Herkunft des Seifenmateriales angeht, so hält WASMUND den Seeboden für wichtiger als das Kliff. Zwischen WASMUNDs und den hier entwickelten Vorstellungen bestehen mehrfache Unterschiede, insbesondere erscheint WASMUNDs Interesse im wesentlichen nur der einen Möglichkeit der Seifenbildung zu gehören. Doch erklärt sich das aus seinem Bestreben, nicht so sehr die Bildung von Seifen an sich, als vielmehr die von nutzbaren Seifen, „Lagerstätten“, zu klären.

Im ganzen ergibt somit die Diskussion anderer Ansichten keinen Gesichtspunkt, der grundsätzlich von der hier entwickelten Auffassung abwiche.

d) Der herbstliche Ab- und Umbau der Küstenseifen

1. Durch den ersten Herbststurm (hierzu Tafeln VII—XII)

Der bisher geschilderte Zustand der Warnemünder Schwermineralseifen war in den ersten Septembertagen, letztmalig am 12. September, beobachtet worden. Der nächste Besuch erfolgte etwa eine Woche, nachdem die im allgemeinen recht ruhige Frühherbstwetterlage (Altweibersommer) vorübergehend durch einige Sturmtage unterbrochen worden war.

Fig. 8 verzeichnet für die Zeit bis zum 25. 9. vorwiegend Winde aus südlichen — besonders südsüdöstlichen und gelegentlich auch südsüdwestlichen bis südwestlichen — Richtungen, deren Stärke unter 5 lag, also schwache bis mäßige und nur ausnahmsweise „frische“ Winde von Land her. Demzufolge war der Pegelstand Warnemünde durchweg unter MW. Nur wenige Male stieg der Wasserspiegel etwas über 500 — ein Umstand, der sich aus den vorangegangenen, kurze Zeit von NW wehenden Winden erklärt. Überhaupt reagiert der Wasserstand schnell auf Änderungen der Windrichtung; wie sich aus den Kurven (Fig. 7) entnehmen läßt, hat jeder, noch so kurzfristig wehende Seewind einen Wasseranstieg im Gefolge, während umgekehrt ablandiger Wind den Wasserspiegel in Warnemünde sofort erniedrigt.

Der Warnemünder Pegel steht unmittelbar am westlichen Bollwerk, etwa 70 m südlich des Hafenamtes. Nach eigenen Beobachtungen und nach freundlicher Auskunft seitens der Warnemünder Lotsenstation dürfte der am Pegel abgelesene Wasserstand weitgehend mit dem am Strande zu beobachtenden Wasserstand korrespondieren. Selbst bei stürmischem Wetter sind ins Gewicht fallende Unterschiede zwischen dem Stand des freien Wasserspiegels am Strand und dem Pegelstand in der unteren Warnow nicht festzustellen. Sofern eine gewisse Stauwirkung des Hafenquerschnittes vorhanden sein sollte, so ist auch für den Strand anzunehmen, daß die tatsächliche Auswirkung des jeweiligen Wasserstandes der See höher am Strande hinaufreicht, als dem Zahlenwert zukäme; denn praktisch wird ja der Wasserstand am Strande durch die vom

Wind getriebene Brandung erhöht. Man wird also keinen Fehler begehen, wenn man die Warnemünder Pegelstände der Beurteilung zugrunde legt. Zum mindesten muß die Form der Kurve der Pegelstände der Form einer die Wasserstände am Strande verzeichnenden Kurve entsprechen.

Mit dem 25. September (Fig. 7) setzt eine Periode zunehmender Bevorzugung der NW- und W-Richtung ein, ohne daß bis zum 30. 9. einschl. die Landwinde ganz ausblieben, ja, diese herrschen quantitativ noch durchaus vor. Die Folge ist eine stärkere Unruhe auch der Wasserstandskurve in diesem Zeitraum. Vom 1. 10. an nehmen Winde aus dem nordwestlichen Quadranten an Dauer und Stärke zu; am 3. d. M. wird für die Dauer von 12 Stunden Sturmstärke erreicht, die am folgenden Tage innerhalb von etwa 20 Stunden auf Windstärke 4 („mäßig") zurückgeht und am 5. und 6. 10. noch einmal für längere Zeit auf 5 anschwillt („frisch"). Parallel mit dem Überhandnehmen und Auffrischen westlicher und nordwestlicher Winde geht eine rapide Zunahme des Wasserstandes bis 60 cm über MW (am 4. 10. 49 mittags). Bemerkenswert ist, daß der für den ganzen 2. 10. verzeichnete SW-Wind eine Erniedrigung des Pegelstandes bis auf 79 cm unter MW bewirkt. Somit ergibt sich für 24 Stunden eine Differenz von 139 cm im Wasserstand der See.

Vom 6. 10. an beruhigt sich die Wetterlage, und an die Stelle der auflandigen Seewinde treten wieder die für diese Jahreszeit bezeichnenden Winde aus SE bis SSE. Die in diesem Zeitraum beobachteten hohen Wasserstände finden in den örtlichen Verhältnissen keine Erklärung; wohl aber dürften sie auf dem Zurückschwellen der durch den W- und NW-Wind in die östliche Ostsee gedrückten Wassermassen beruhen.

Die im folgenden mitgeteilten Beobachtungen sind am 11. Oktober, demnach innerhalb der auf die Sturmtage folgenden Woche und eben dieser ruhigen Wetterperiode, gemacht worden.

Was an diesem Tage an Veränderungen der Seifen festgestellt worden ist, muß als Auswirkung der z. T. stürmischen NW- und W-Winde am 3., 4. und 5. Oktober aufgefaßt werden.

Es zeigte sich, daß eine Erhöhung des Seestandes auf 40—60 cm über Warnemünder Mittelwasser bereits dazu ausreicht, Strand und Seifen weithin umzugestalten, ja, stellenweise den ganzen Strand bis an den Fuß der vor der Düne liegenden Sandhalde in Mitleidenschaft zu ziehen.

Es zeigte sich ferner, daß der Schwermineralsand außerordentlich leicht beweglich ist; er wird bereits von „mäßigen" Winden ins Rollen gebracht, von abfließendem Seewasser befördert, selbst von abfließendem Regenwasser bei hinreichender Bodenneigung mitgenommen. Zudem wird er, da jedes Bindemittel fehlt, in trockenem Zustande auf gravitativem Wege von den leichteren Bestandteilen des Strand- und Dünensandes getrennt. Die Trennung erfolgt beispielsweise schon beim Umschütten aus einem Reagenzglas in das andere, noch mehr beim Ausschütten des Probebeutels, so daß es nahezu unmöglich ist, eine gleichmäßig gemischte Sandprobe herzustellen.

Es zeigte sich weiterhin — um dies wichtige allgemeine Ergebnis der Begehung vorwegzunehmen —, daß zur Entstehung von Seifen und zu ihrer Konzentrierung die wichtigste Voraussetzung eine gewisse Stetigkeit der Witterung, insbesondere der vorherrschenden Windrichtung, ist und daß jeder grundsätzliche Wechsel, wie der vom 3. Oktober, die in ruhigen Zeiten aufgebaute Seife als höchstlabil erweist.

Auch hat die Erfahrung vom Oktober bewiesen, daß die gleich zu Beginn der Begehungen im September gewonnene Vorstellung zu Recht bestehen dürfte: daß nämlich die Seifen im Laufe des Sommers aufgebaut und angereichert werden, daß aber die ersten Herbststürme und der mit ihnen gleichlaufende höhere Wasserstand am Strande abbauend, ja, z. T. zerstörend auf die Schwermineralseifen wirken können. Allerdings war damals diese Wirkung nicht für einen so frühen Termin erwartet worden; ebensowenig konnte erwartet werden, daß bereits eine ganz kurzfristige Sturmperiode diese Wirkung hervorrufen könne; dies ist wohl auch nur deshalb möglich gewesen, weil der NW-Sturm nicht nur die ruhige Abfolge von Landwinden ablöste bzw. unterbrach, sondern auch diese an Stärke soweit übertraf, daß er eine beachtliche Erhöhung des Ostseespiegels in Ufernähe bewirkte. Damit soll übrigens nicht gesagt sein, daß Landwinde der Entstehung und Anreicherung von Litoralseifen förderlich wären; wohl aber sind sie offenbar nicht in der Lage, einmal entstandene und konzentrierte Seifen zu beseitigen.

Im einzelnen ergab die Besichtigung am 11. Oktober, also rund eine Woche nach dem durch NW-sturm hervorgerufenen Hochwasserstand, folgendes:

Im Bereich der Lagerstätten I und II östlich von Warnemünde reichten die Spuren der Überspülung des Strandes fast überall bis über den zweiten Strandwall hinaus (vgl. Abb. VII, u. a.). Der erste Strandwall ist überall überspült, die landwärts anschließende Senke vom abfließenden Wasser ausgefegt worden; z. T. ist hier auch Strandgut abgesetzt worden; der Boden der Senke trägt vorher nicht vorhandene Rippeln; der Leefuß des ersten Walles ist gegen die Senke hin vielfach zu einem kleinen Kliff ausgestaltet (Fig. 9). Aber auch der zweite

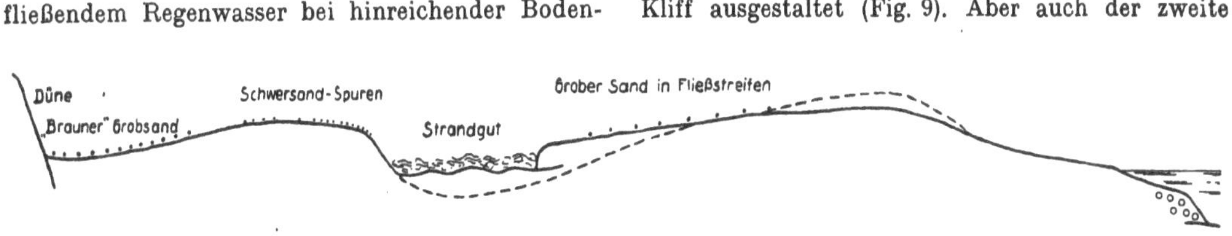

Fig. 9. Lagerstätte I. Warnemünde-Ost, am 11. 10. 49: der 1. Strandwall ist durch übertretendes Seewasser verebnet, der 2. Strandwall durch Kliffbildung an der vorübergehend wassergefüllten Strandsenke zurückgeschnitten; vor der Düne „brauner" Grobsand als äolisches Residuum. Frühere Oberfläche des Strandwalles gestrichelt, jetzige ausgezogen

Wall ist, wo sein Kamm verhältnismäßig niedrig war, überflutet worden, so daß auch die zweite Strandsenke unter Wasser gestanden hat: die Rippelbildung ist hier infolge des stärkeren Höhenunterschiedes gegenüber dem Seespiegel und der daher stärkeren Abflußgeschwindigkeit allgemeiner verbreitet als in der ersten, niedriger gelegenen Senke hinter dem ersten Strandwall. Entsprechend ist die Ausfüllung mit Strandgut weniger umfangreich als in der ersten Senke. Allein in dieser wurden daher auch massenhafte Anschwemmungen von Muscheln, insbesondere von Miesmuscheln, beobachte. Auffallend ist, daß Schwermineralien, die aus den teilweise aufbereiteten Strandwallseifen herstammen, sich allein in den Rippeln der zweiten Strandsenke, nicht auch in denen der ersten gefunden haben. Das dürfte darauf zurückzuführen sein, daß die Windstärke ausgereicht hat, die schweren Körner bis über den zweiten Wall hinaus landwärts zu vertragen, bzw. zu hoch war, als daß sich die Körner auf dem abschüssigen Leehang des ersten Walles hätten halten können.

Lagerstätte I ist im ganzen stark verdünnt und lückig geworden, dafür aber nach Osten etwa 100 m weiter zu verfolgen als vor vier Wochen. Sie verdient die Bezeichnung einer Lagerstätte nur mehr mit Einschränkung. Die Strandwallkante, der eigentliche Träger der Seife, ist stark zurückgeschnitten worden, um wieviel, läßt sich aus Mangel an Festpunkten nur schwer beurteilen; der Schichtenbau ist in dem versteilten Luvhang freigelegt, der ganze Wall erniedrigt und landwärts durch überschlagendes Seewasser verbreitert worden, sofern die Verbreiterung nicht durch Kliffbildung an der Grenze gegen die anschließende Senke wieder ausgeglichen worden ist (Fig. 9). Die Oberseite zeigt in der Nähe der Kante flächig freigefegte Schwermineralanreicherungen — Schichten der Lagerstätte — in batikartigen Mustern (Abb. XI 1). Demzufolge muß ein erheblicher Teil der ursprünglich hier abgelagerten Schwermineralien landwärts verschleppt worden sein. Dafür spricht auch das Auftreten von Fließstreifen von Schwermineralsand auf dem Leehang des Walles (Abb. IX, 1). Von hier ist ein weiterer Teil des Schwersandes durch den Wind aufgegriffen und leewärts verschleppt worden. Im Windschatten von Strandhaferbülten u. ä., die in schmalem Streifen die Vorhalde der Düne begleiten, ist ein Bruchteil liegen geblieben (Abb. IX, 3 u. 4), wird aber bei jeder Änderung der Windrichtung und -stärke diese Plätze verlassen müssen und mit dem Großteil des Schwersandes einen vorläufigen Ruheort in der Sandhalde der Düne finden. Übrigens ist ein weiterer Bruchteil auf dem Wege zur Düne von abfließendem Wasser in die zweite Strandsenke vertragen und dort erneut vom Wind aufgenommen worden, der ihn dann endgültig in die Vorhalde der Düne einfügte. Dieser Hergang bezieht sich natürlich nur auf denjenigen Anteil des Schwermineralsandes, der am Tage der Beobachtung noch vorhanden war. Man mußte den Eindruck gewinnen, daß die Hauptmenge sich nicht mehr am Strande befand, sondern in alle Winde zerstreut war. Daß dies zum guten Teil in das Hinterland der Vordüne erfolgt ist, läßt sich aus einer unten mitgeteilten Beobachtung folgern (S. 37).

Die Vordünenseife im Bereich der Lagerstätte I ist deutlicher als im September zu beobachten. Offenbar ist der hier lagernde Schwermineralsand durch äolische Entfernung des Quarzsandes in stärkerem Maße freigelegt worden. Wieviel er selbst dabei an Menge eingebüßt hat, ist nicht festzustellen, da Vergleichsmöglichkeiten fehlen. Die Schwermineralseifen scheinen diesmal flacher zu liegen, als es vor vier Wochen schien. In die eigentliche Düne aber gehen sie, wie Nachgraben erwies, nicht hinein, sind also auf die Sandhalde vor der Vordüne beschränkt. Außerdem ist auf der Halde stärker als bisher das Vorhandensein von großen Mengen groben, „braunen" Sandes zu beobachten. Es handelt sich hier nicht um schwerere, spez. sondern um gröbere Sandkörner, die teils durch Windauslese, teils durch Schwerkraft angereichert sind (hierzu Abb. XII, 1).

Lagerstätte II zeigte ein ganz ähnliches Bild des Abbaues, wenn auch teilweise in verstärktem Ausmaße. Auch hier ist die Strandwallseife infolge Zurückschneidung und Verebnung des Walles verdünnt und weitgehend zerstreut. Zudem ist der zweite Strandwall ebenfalls zurückgeschnitten und zwar durch das in der Senke zwischen ihm und dem ersten Wall z. Z. des hohen Wasserstandes strömende Wasser. Die zweite Senke muß längere Zeit unter Wasser gelegen und dieses muß infolge der höheren Lage zu MW stärkeres Gefälle gehabt haben, denn der Boden dieser Senke ist von Rippeln bedeckt gewesen. Etwa von km 1,7 an war kein Teil der Senke ohne Rippeln; auch die erste Senke muß fast ebenso stark durchströmt gewesen sein (Fig. 10).

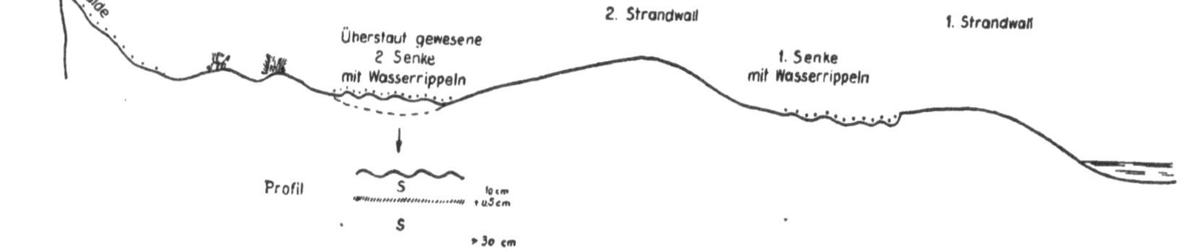

Fig. 10. Lagerstätte II. Warnemünde-Ost, am 11. 10. 1949. Herbstlicher Abbau unweit km 1,3. Das Schwergut ist durch Wasser in die 1. und 2. Strandsenke getragen und durch Wind in die Dünen zerstreut

Am rippelbedeckten Boden der zweiten, also der dünennäheren Strandsenke zeigte sich beim Nachgraben folgendes Profil (Fig. 10):

Wellenfurchensand, ohne sichtbare Schwermineralbeimengung: etwa 10 cm,

Schwermineralsandlage: etwa 5—8 mm,

Schwermineralfreier Sand: mehr als 30 cm (nicht durchteuft).

Diesem Profil dürfte folgender Ausfüllungshergang entsprechen: Einspülung des Schwermineralsandes durch überschlagendes Seewasser von der Strandwallkante her über die Leeböschung des Walles. Nach vollendeter Umlagerung des Schwersandes wurde das Liegende desselben, der schwermineralfreie Strandwallsand, von der Umlagerung

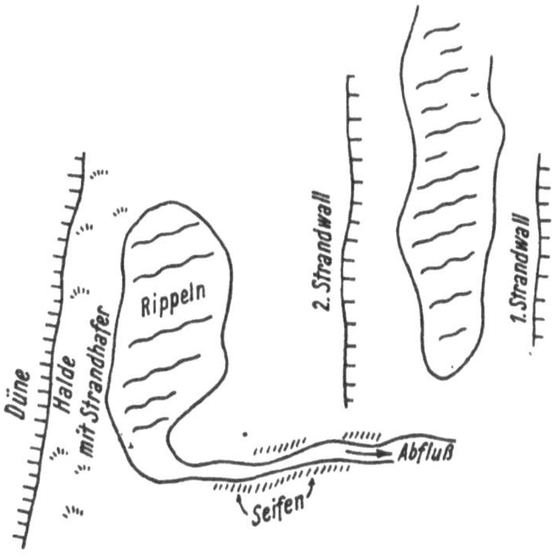

Fig. 11. Situation zum Lichtbild Abb. X, 2: Wasserrippeln in Strandsenken als Zeugnisse für die Überstauung des Strandes (Text S. 37)

ergriffen und legte sich nunmehr als Decke auf den Schwersand in der Senke. Das Profil repräsentiert somit den Vorgang der Verebnung des schwermineraltragenden Strandwalles durch Umlagerung in die anschließende Senke, wie es Fig. 9 darstellt.

Hier, wie auch an allen übrigen beobachteten Stellen, erhielt die zweite Senke ihr Wasser über die Leeböschung des Strandwalles und gab es in einem besonderen Ablauf seewärts wieder ab — ein Vorgang, der sich bei und nach jedem Hochwasserstand abspielt (Fig. 11). Dabei entstanden ephemere, winzige Schwermineralanreicherungen (reine Wasserseifen) zu beiden Seiten des Ablaufbettes, sowie am Boden der Senke selbst schwermineralführende Rippeln (Abb. X, 2). Deren Richtung rechtwinklig zur Längserstreckung des Strandes deckt sich mit der Anordnung der Spülsäume von Tang in den Senken, deutet somit auf eine Fließrichtung des ablaufenden Wassers in der Längsrichtung des Strandes, auf den schräg oder rechtwinkelig zur seewärtigen Strandbegrenzung hinziehenden Ablauf zu (Fig. 11 und Abb. XIV. 3).

Beiderseits von dem auf Meßtischblatt Warnemünde verzeichneten (heute nicht mehr vorhandenen) Rettungsschuppen unweit km 2,3 (Fig. 1), von rund 200 m westlich bis etwa 300 m östlich desselben, waren dichte Massen von Tang angespült: landwärts des ersten Strandwalles bis zum Dünenfuß in Säumen parallel zur Strandlinie, darin bis zu 20 cm dicke und viele Quadratmeter große Packungen von Mytilusschalen, die zumeist noch beide Klappen hatten und in den wenigen Tagen seit dem Sturm noch nicht völlig ausgefault waren. Obwohl also der Wasserstand mit + 40 bis + 60 cm keineswegs ungewöhnlich hoch war, hat er doch den Strand auf große Strecken flächig zu überspülen vermocht und einen erheblichen Bruchteil der Seifen beseitigt. Daß hier der Wind keine Arbeit mehr fand, wird durch das Fehlen von Schwermineralanreicherungen in der Vordünenhalde bewiesen, sofern der Wind nicht so stark war, daß er die schweren Körnchen ganz aus dem Strandbereich zu entfernen vermochte. Das ist angesichts der hier überwiegenden wässerigen Aufbereitung unwahrscheinlich. Jedoch tritt hier der auch bei Lagerstätte I angetroffene grobe „braune" Sand anstelle des fehlenden Schwermineralsandes auf: er bedeckte kilometerweit den Sandhang der Vordüne.

Kurz östlich des Rettungsschuppens — etwa bei km 2,35 — befindet sich eine die Düne durchbrechende, hohlwegartige Senke, ein vom Winde gemodelter Trampelpfad. Der Nordwest hat in und durch diese Senke den Strandsand bis in die bewachsenen Dünen des Hinterlandes geweht und dabei vor einer steileren Stufe und einer Strandhaferkupste hochprozentigen Schwermineralsand von der Farbe vorherrschenden Granates (s. u. S. 40), der — oberflächlich sichtbar (Fig. 12) und auch eingesandet — mehrere Quadratmeter bedeckte. Auch er beschränkt sich auf den Boden und die aus losem Sand bestehenden Ränder des „Hohlwegs", geht also nicht in die anstehende Düne hinein. Auf diese Beobachtung wurde bereits oben angespielt, als die Rede davon war, welchen Weg das Material der Lagerstätte I geht (S. 36). Sowohl der in dem „Hohlweg" liegengebliebene hochkonzentrierte Schwersand wie auch der braune Grobsand sind mineralstatistisch ausgezählt worden. Dabei ergab sich der auf S. 40 mitgeteilte Befund.

Im weiteren Verfolg der Begehung erwies sich der Strand mit seinen Seifen in gleicher Weise umgestaltet wie bisher. Jedoch zeigten sich bei der Vordünenlagerstätte (III bzw. „Große Moorwiese") gewisse Veränderungen gegenüber dem Zustand von Anfang September: Während die Seife beim Ortsteinkliff von Heideck (auf dem Meßtischblatt als Strandhäuser von Markgrafenheide erkennbar) grundsätzlich unverändert erschien, nur daß sie bereits rund 100 m vor dem Auftauchen des Ortsteins einsetzte, anstatt erst mit dessen Beginn wie im September (zurückzuführen auf Freilegung durch den NW), ist im anschließenden Bereich des MBl. Fischerbuden ein weitgehender Abbau der Strandwallvorkommen zu beobachten gewesen. Hier zeigte sich der Schwermineralsand in seiner ganzen Beweglichkeit: Wind und Wasser nehmen ihn mit und setzen ihn allerorten wieder als kurzlebige Schleier („Spuren") ab.

Die Vordünenseife im Bereich des Blattes Fischerbuden hat sich anscheinend nicht verändert. Sie ist dem Photographieren nicht zugänglich, da sie beim

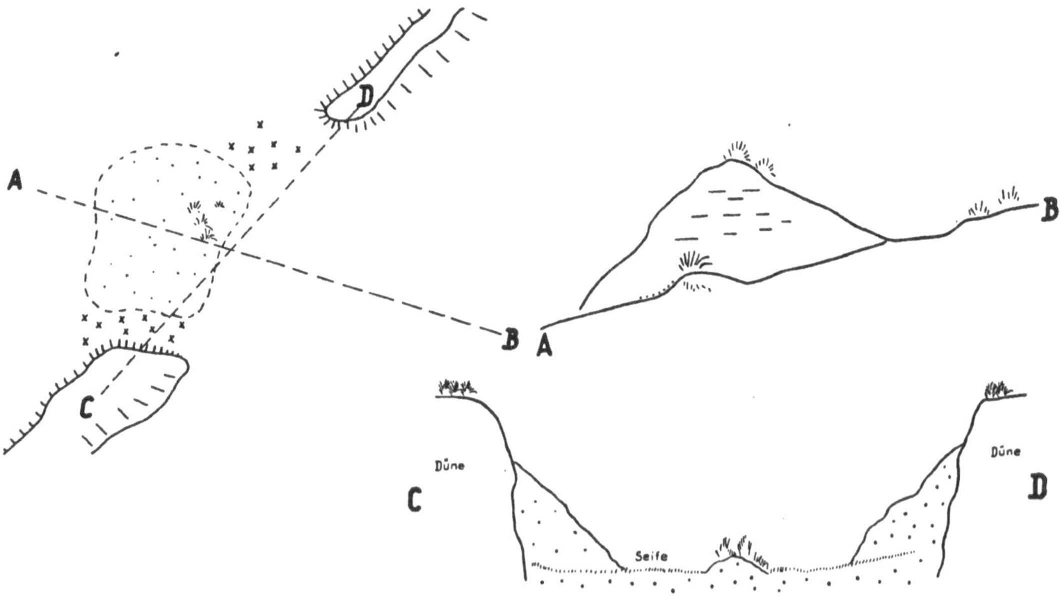

Fig. 12. Lücke in der Vordüne Warnemünde-Ost (vgl. Text S. 37), darin äolische Schwermineralanreicherung in Lee von Grasbüscheln, Grundriß und Schnitte zur Veranschaulichung der Situation

Freilegen sofort wieder durch nachrieselnden Dünensand verdeckt wird.

Eines der wichtigsten Beobachtungsergebnisse der geschilderten Begehung, das bisher nur hier und da gestreift wurde, ist folgende Tatsache: Bei den vom Hochwasser und vom Sturm angenagten Strandwallseifen kommen durch Entfernung der Deckschicht und Entblößung einer der darunterliegenden Schwermineralschichten diese und etwa weitere angeschnittene Schwermineralllagen in welligen Streifen, ringförmiger Anordnung oder rundlichen Kleinflächen, aber nicht in geschlossener Fläche zum Vorschein, also in jener Erscheinungsform, die oben nach dem Vorgang von WASMUND als Batikmuster gekennzeichnet wurde.

Dieses Batikmuster findet sich in der einschlägigen Literatur mehrfach abgebildet, da es, eindringlich und ästhetisch erfreulich, zur Wiedergabe reizt. Ein solches Bild findet sich beispielsweise bei BARNEWITZ in der „Geschichte des Hafenortes Warnemünde" (1925), wo folgende Bemerkung daran geknüpft wird: „Auch findet man nach Sturm oder Hochwasser den schwarzen Magneteisensand häufig in schichtenförmigen Streifen auf dem hellen Quarzsand aufgelagert." Wenn es auch nicht ausgesprochen ist, so ist diese Bemerkung doch offenbar so gemeint, als würde der Schwermineralsand durch Sturm und Hochwasser in derartigen Mustern auf dem Strand ausgebreitet. Diese Ansicht ist übrigens an der hier zur Rede stehenden Küstenstrecke unter der Bevölkerung gang und gäbe und wird auch von WASMUND (vgl. unten) als Beweis für die Neubildung von Strandseifen durch Sturm und Hochwasser angeführt. Doch schon aus den vorstehenden Mitteilungen ergibt sich, daß diese Vorstellung nicht zutrifft. Vielmehr wird durch Sturm und Hochwasser eine bereits vorhanden gewesene Seife nur bloßgelegt, wobei — wie gesagt — die batikähnlichen Musterungen zutage treten.

Schwerer als die BARNEWITZsche Bemerkung jedoch wiegt die Schilderung, die TRUSHEIM von der Geburt einer Titaneisenerz-Seife auf Wangeroog 1935 gibt. Da diese Arbeit geeignet ist, irrtümliche Vorstellungen von der Entstehung und dem Werdegang von Litoralseifen hervorzurufen, scheint eine Diskussion erforderlich.

Die Arbeit ist offensichtlich zu photographischen Aufnahmen, die das Phänomen meisterhaft abbilden und deshalb auch eine Beurteilung erlauben, geschrieben worden, Aufnahmen, die nach des Verfassers Angabe bereits einige Jahre zurücklagen. TRUSHEIM berichtet über eine Sturmflut im Januar 1930, durch die auf Wangeroog Dünen auf mehrere 100 m Länge zerstört und entfernt worden sind. „Dabei vollzog sich ein Sichtungsvorgang ganz großen Stils. Während der Quarzsand (d = 2,66) fast vollständig fortgeschwemmt und „in alle Wasser zerstreut" wurde, blieben die schweren Mineralien, vor allem die Erze zurück, so daß bei der folgenden Ebbe ein fast rabenschwarzer Streifen den Fuß der zerstörten Dünen begleitete . . . in wenigen Stunden war der feinverteilte Erzgehalt von Tausenden von Kubikmetern Dünensand auf eine wenige Meter breite und eine 100 m lange Fläche projiziert worden".

„Die Dicke der Erzschicht war gering . . . (2—3 mm, an einer Stelle fast 2 cm . . ." „Es zeigte sich aber, daß der Erzgehalt nicht auf einer einzigen durchgehenden Schichtfläche angereichert worden war, sondern daß mehrere erzreiche Lagen, getrennt durch erzärmere, übereinander lagen" . . . bis zu einer Gesamtmächtigkeit von 50 cm. Die Schichtenfolge entspricht somit derjenigen von der mecklenburgischen Küste.

Dieser Schwermineralgürtel unterlag nun nach TRUSHEIMs Angaben in den auf die Sturmflut folgenden Tagen dem Spiel des Windes. Die sich dabei ergebenden Bilder werden wiedergegeben und geschildert: Abb. 5 (bei TRUSHEIM) zeigt eine kleine „Höhenschichtenlandschaft", wie sie hier als Batikmuster bezeichnet wurde; Abb. 6 zeigt die Schichtung, wie sie z. B. in menschlichen Fußspuren durch Herauswehen des losen Sandes freigelegt wird. Auf der nächsten Abbildung ist ein Hindernis zu sehen, hinter dem im Windschatten ein kleiner Zeugenberg stehengeblieben ist, der ebenfalls die Gliederung in erzreiche und in taube Schichtchen bloßlegt (vgl. Abb. 1 auf Taf. VIII). Die letzten beiden Abbildungen bringen die Wiedergabe von Windrippeln normaler Größenordnung, auf deren Kämmen Erzsand liegt, sowie „Großrippeln", die in lebhafter Schlängelung quer zur Strandachse verlaufen. Außerdem werden (auf den Abb. 1—4) vom Wind abradierte Seegangsrippeln mit ihrer Schwersandschichtung, der Strand vor und nach der Sturmflut und das Profil der Seifen mit seinem Wechsel von erzführenden und -freien Lagen vorgeführt.

Die Bilder zeigen demnach außer Wirkungen des Windes auf die Strandseife bzw. auf das Material der Seife lediglich ein Profil und außerdem noch den von Dünen entblößten, erzüberschütteten Strand.

Bemerkenswert ist, daß die vermeintlich infolge der Sturmflut entstandene Seife dasselbe Profil und die gleichen Denudationsmuster aufweist, wie unsere Ostseeseifen, die fraglos nicht durch Sturmflut und Sturm entstanden sind, sondern im stetigen Spiel des sommerlichen Wetters und seiner Folgen auf Wasserstand und Seeschlag an der Strandkante.

Es ist keineswegs erwiesen, daß der Erzstrand die Projektion des Schwermineral-Inhaltes der zerstörten Dünen ist. Fest steht lediglich, daß nach der Entfernung der Dünenmassen sich der Strand als mit Schwermineralseifen überschüttet erwies. Im östlichen Hinterpommern ist es weithin die Regel, daß beim Fortwandern einer Düne ein dichtes Pflaster von münzenartig flachen Strandgeröllen zum Vorschein kommt. Es ist noch keinem der Autoren, die diese weit verbreitete Erscheinung beobachtet und erwähnt haben, eingefallen, das Steinpflaster als Residuum der fortgewehten Düne aufzufassen. So liegt es auch im Falle Wangeroog näher, anzunehmen, daß die Seife unter der Düne vorhanden war und durch deren Beseitigung nur bloßgelegt worden ist. Dies um so mehr, als es außerordentlich unwahrscheinlich ist, daß eine bis zu 50 cm starke Schichtenfolge vom Charakter unserer Sommerseifen in den wenigen Stunden zustande gekommen sein soll, in denen die Elemente tobten und sich in einer Intensität ausgewirkt haben müssen, vor der die winzigen Dichte- und Gewichtsunterschiede der Mineralkörnchen völlig bedeutungslos gewesen sind. Zudem fehlte sicherlich die zu einer Sichtung nach der Schwere immerhin erforderliche Zeit; sollte es jedoch vorübergehend zu einer Sonderung gekommen sein, so hat die nächste Welle das Ergebnis wieder ausgelöscht. Andererseits besteht die Möglichkeit, derartige Seifen analog den unten (S. 41 ff) mitgeteilten Beobachtungen als Anschwemmung vor dem neuen Dünenkliff zu deuten.

TRUSHEIM sagt auf S. 67f.: „Alle diese natürlichen Schwarz-Weiß-Zeichnungen konnten nur unter der Voraussetzung entstehen, daß der Wind stark genug war, die leichten und schweren Gemengteile des Sandes gleichzeitig und ohne Unterschied zu erfassen und wegzutragen. Sie wären nicht möglich gewesen, wenn auch der Wind, wie vorher die Brandungswelle, eine Auslese vorgenommen und nur das Leichte weggetragen hätte.“ Die Brandungswellen also, die innerhalb weniger Stunden Tausende von Kubikmetern Sand forträumen, sollen in der Lage sein, das Leichtere vom Schweren zu trennen, der Wind aber, der tagelang arbeitete und sichtete, nicht. Es gibt für die TRUSHEIMschen Bilder vorerst nur eine zwanglose Deutung: Die Sturmflut nimmt große Massen von Strand- und Dünensand fort — wie es ja auch an der Ostseeküste in gewissen Abständen der Fall sein kann — und legt die darunter befindliche Strandseife frei oder aber, sie spült, während der Wasserspiegel zurückgeht, am Strand aufgegriffenes Schwergut vor den Fuß des Dünenkliffs. Die Seife wird vom Wind, wie vorher schon z. T. von der Flut, denudiert und das Mineralgut in der von TRUSHEIM abgebildeten Weise umgelagert und fortgeweht. 1938 äußert sich WASMUND hierzu folgendermaßen: TRUSHEIM habe „nicht die fertige Wasserseife, sondern die schon in starker Zerstörung begriffene Seife gesehen und beschrieben“ (S. 295). Diese Auffassung deckt sich mit der hier vorgetragenen. Es bleibt somit auch nach WASMUNDs Ansicht den TRUSHEIMschen Beobachtungen keine Beweiskraft für die — übrigens auch von W. vertretene — Auffassung von der Bildung solcher Lagerstätten als Sturmflutresiduen. Obwohl WASMUND die TRUSHEIMsche Deutung der Genese der Wangerooger Seife ablehnt, zum mindesten für diesen Sonderfall nicht teilt, meint er doch generell: „Lagerstättenbildung ist als Normalfall eine Funktion des Küstenrückganges, d. h. der Seegangswirkung bei Sturm in Form von Abbruch und Durchbruch“ (S. 294). Andererseits aber scheint er sich selbst zu widersprechen, wenn er auf derselben Seite schreibt: „Ihre“ — d. h. der von ihm so genannten „Wasserseifen“ — „Lage ist nicht absolut an die Abbruchgebiete gebunden, die Wasserseifen liegen oft näher oder weiter in Stromlee (auf die Warnemünder Verhältnisse übertragen, also östlich) der Abbruchzone“. Das bedeutet doch, daß der Abbruch das Material für die Seifenbildung zur Verfügung stellt, daß er diese aber nicht — wenigstens nicht in diesen Fällen („oft“) — selbst bewirkt. Damit nähert sich seine Auffassung im Gegensatz zu TRUSHEIM weitgehend der hier vorgetragenen. Im übrigen scheint es, als vermenge WASMUND die Beobachtungen auf dem Strande und in den Vordünen bzw. als bevorzuge er unbewußt die Vordünenseifen, da es ihm weniger um die Seifenbildung als solche geht, als vielmehr um die Frage der Großseifen (Lagerstätten).

Es besteht somit vorerst kein Anlaß, noch viel weniger ein Zwang, die hier gewonnenen Anschauungen hinsichtlich des Abbaues der Seifen abzuändern.

Zur Prüfung der Frage, ob sich der Hergang des herbstlichen Abbaues der Strandseifen auch im Mineralbestand und seiner Zusammensetzung spiegele, wurden am 11. Oktober des Beobachtungsjahres folgende Proben entnommen:

Aus Lagerstätte I östlich von Warnemünde

Probe 17: in situ auf dem angenagten Strandwall;

Probe 18: äolisch aus dem Strandwall in die Vordünenhalde verlagertes Schwermineralgut;

Probe 19: vom Strandwall auf äolischem Wege dünenwärts verlagert und im Windschatten von Grasbüscheln abgesetzt;

Probe 20: wie vor, jedoch nachträglich dünenwärts durch Wasser verlagert.

Aus dem Bereich der Lagerstätte II stammt

Probe 22: auf die Dünenböschung gewehtes Schwermaterial der auf Textfigur 12 S. 38 dargestellten Windseife.

Auch die folgenden Proben entstammen dem Bereich der gleichen Lagerstätte:

Probe 21: „Brauner“ äolischer Sand aus der angenagten Strandwallseife;

Probe 23: Schweres Mineralgut von der Vordünenhalde, die es kilometerweit bedeckt.

Während somit die Proben 18, 19 und besonders 22 äolische Seifen repräsentieren bzw. einwandfrei äolisch beförderten Schwermineralsand, ist 20 ebenfalls äolisch transportiert, nachträglich jedoch durch Wasser umgelagert worden. Probe 17 entstammt dem angenagten Strandwall, kann demnach entweder normales Strandwallgut sein oder aber ein durch Auswehung in seiner Zusammensetzung verändertes Material. Proben 21 und 23 repräsentieren Vorkommen, die nach der Situation als Auswehungsresiduen aufgefaßt werden müssen.

Die ebenfalls durch Fräulein ENZENROSS ausgeführte mineral-statistische Auszählung dieser Proben hat die in folgender Tabelle angegebenen Werte gezeitigt:

Probe	17	18	19	20	21	22	23
Erz	35,9	33,8	24,1	33,0	25,0	57,8	3,8
	40,0	46,4	—	41,4	—	52,9	—
	22,9	26,3	22,7	25,7	23,9	—	12,5
Granat	40,2	48,1	23,1	21,6	1,9	28,1	1,7
	38,0	32,3	—	32,3	—	33,2	—
	3,1	50,0	24,8	24,8	2,2	—	74,5
Quarz	14,1	10,4	37,2	31,1	57,2	8,5	89,7
	14,2	14,3	—	20,2	—	8,1	—
	57,7	10,0	33,5	34,3	60,4	—	11,8
Rest	9,8	7,7	15,7	14,2	15,8	5,6	4,9
	7,8	7,0	—	6,1	—	5,8	—
	16,3	13,7	19,0	15,2	13,5	—	1,2
Gewichtsanteil der Fraktion							
0,12 bis 0,25	68,55	69,98	5,9	14,7	8,06	84,3	0,3
bis 0,49	30,7	30,1	68,5	81,7	91,9	15,3	41,85
bis 1,02	0,22	0,04	22,9	3,58	0,05	0,19	42,4
über 1,02	—	—	2,5	—	—	—	15,45
Rest unter 0,12 mm Korn-Ø							

In dem oberen Teil der Tabelle bedeuten die jeweils drei übereinander stehenden Zahlenwerte, z. B. für Erz in Probe 17, von oben nach unten die Kornzahlprozente:

im Gesamtsand (35,9),
in der Hauptfraktion 0,12—0,25 (40),
in der Nebenfraktion 0,25—0,49 (22,9);
ein — bedeutet, daß die betreffende Fraktion nicht gezählt worden ist.

Das in situ auf dem angenagten Strandwall entnommene Seifengut der Probe 17 enthält insgesamt:

		in 0,12 bis 0,25 mm	über 0,25 mm
	%	%	%
Erz	35,9	40,0	22,9
Granat	40,2	32,3	3,1
Quarz	14,1	14,2	57,7
Rest	9,8	7,8	16,3

wobei die Hauptfraktion 68,55% vom Gesamtgewicht einnimmt, die Nebenfraktion 30,7 Gewichtsprozent.

Die Zusammensetzung dieses Strandwallseifen-Materiales weicht grundsätzlich nicht von dem üblichen Bild ab, ausgenommen vielleicht, daß der Erzanteil an der gröberen Fraktion relativ hoch erscheint. Es dürfte dies eine Folge der Auswehung der kleineren und damit absolut leichteren Erzteilchen sein.

Das durch Probe 18 repräsentierte, rein äolisch zur Vordüne verlagerte Strandwallgut enthält

	im Gesamtsand	in 0,12 bis 0,25 mm	über 0,25 mm
	%	%	%
Granat	48,1	32,3	50,0
Quarz	10,4	14,3	10
Rest	7,7	7	13,7

wobei die feinere Fraktion 70, die gröbere 30 Gewichtsprozent des Gesamtsandes einnehmen. Auch diese Werte bleiben im Rahmen des Normalen, soweit sie den Gesamtsand und die Hauptfraktion betreffen. Als außergewöhnlich kann auch hier wieder der starke Erzanteil an der gröberen Fraktion angesehen werden.

Probe 19 enthält Schwermineralgut, das auf rein äolischem Wege aus der Strandwallseife landwärts verlagert worden und alsbald im Windschatten von kleinen Hindernissen abgesetzt worden ist.

	Gesamtsand	0,12 bis 0,25 mm	über 0,25 mm
	%		%
Erz	24,1		22,7
Granat	23,1	nicht	24,8
Quarz	37,2	gezählt	33,5
Rest	15,7		19

Die Fraktion 0,12—0,25 mm, die sonst als Hauptfraktion bezeichnet wurde, beansprucht hier nur 5,9 Gewichtsprozent, während die gröbere Fraktion („Nebenfraktion") 68,5 Gewichtsprozent einnimmt und der Rest von 25,4 Gewichtsprozent auf Korndurchmesser über 0,49 mm, z. T. sogar über 1,0 mm entfällt.

Zur Deutung dieses Befundes muß angenommen werden, daß die Umlagerung durch beträchtliche Windstärken erfolgt ist, so daß viele von den feineren Körnern über den Strandbereich hinaus in die Dünen getragen worden sind. Probe 19 repräsentiert somit bereits ein Auswehungsresiduum.

Bei Probe 22, die sich durch besondere Reinheit, d. i. hohe Konzentration, auszeichnet, sofern der optische Eindruck maßgebend ist, ist einwandfrei auf äolischem Wege entstanden und an einer Stelle abgelagert worden, an der die Windgeschwindigkeit gehemmt worden ist (Fig. 12).

	Gesamtsand	0,12 bis 0,25 mm	über 0,25 mm
	%	%	%
Erz	57,8	52,9	
Granat	28,1	33,2	nicht
Quarz	8,5	7,1	gezählt
Rest	5,6	5,8	

Die Hauptfraktion nimmt 84,3 Gewichtsprozent vom Gesamtsand ein. Die statistische Analyse bestätigt den optischen Eindruck: Es handelt sich um ein hochkonzentriertes, aber sonst durchaus normal zusammengesetztes Gut, in dem das Verhältnis Erz : Granat etwa 2 : 1 beträgt.

Ein Vergleich der Probe 22 mit den Proben 19 und 18 ergibt, daß trotz gleicher Entstehungsweise die Zusammensetzung stark variieren kann, es somit müßig ist, nach besonderen Kennzeichen etwa für äolische Entstehung der Seifen zu fahnden, wenigstens soweit die quantitative Zusammensetzung in Betracht kommt. Daß das Verhältnis der Korndurchmesser bei äolischen Seifen von solchen aquatischer Herkunft abweichen kann, hat v. ENGELHARDT (1940) wahrscheinlich gemacht.

Einer Herleitung der durch die genannten Proben repräsentierten Seifenteile aus dem Strandwallsand der Probe 17 dürften nach diesen Befunden keine Bedenken entgegenstehen, so daß diese als Bestätigung der geologischen Schlußfolgerungen angesehen werden dürfen.

In Probe 20 liegt ein ebenfalls äolisch auf den Weg gebrachter, dann aber aquatisch umgelagerter Schwersand vor. Er enthält:

	Gesamtsand	0,12 bis 0,25 mm	über 0,25 mm
	%	%	%
Erz	33,0	41,4	25,7
Granat	21,6	32,3	24,8
Quarz	31,1	20,2	34,3
Rest	14,2	6,1	15,2

wobei die Hauptfraktion nur 14,7, die „Nebenfraktion" hingegen 81,7 Gewichtsprozent beansprucht.

Der Vergleich mit Probe 19, aus der der vorliegende äolisch-aquatische Schwersand vermutungsweise abgeleitet werden kann, ergibt, daß im Gesamtsand die Erze zugenommen, der Quarz abgenommen hat, während der Granatanteil der gleiche geblieben ist; auch die sonstigen Bestandteile sind etwa unverändert geblieben. Die Hauptfraktion tritt in 19 noch mehr zurück als hier. Die Zusammensetzung der Nebenfraktion, die bei Probe 19 68,5 Gewichtsprozent; und in der vorliegenden Probe fast 82 Gewichtsprozent ausmacht, ist hinsichtlich der Kornzahlen in beiden Proben bemerkenswert gleichartig. Im ganzen scheint der kurze Aufbereitungsweg im Wasser keine grundsätzliche Verschiebung gebracht zu haben. Das schließt natürlich nicht aus, daß bei längeren Aufbereitungswegen dennoch grundsätzliche Wandlungen möglich und wahrscheinlich sind.

Die beiden letzten Proben (21 und 23) entstammen Stellen, die als Ablagerungsräume von Auswehungsrückständen aufgefaßt werden müssen.

Die Auszählung der Proben 21 und 23 durch Fräulein ENZENROSS ergab für den „braunen" Sand der Probe 21:

	Gesamtsand	0,12 bis 0,25 mm	über 0,25 mm
	%	%	%
Erz	25,0		23,9
Granat	1,9	nicht	2,2
Quarz	57,2	gezählt	60,4
Rest	15,8		13,5

Die Hauptfraktion tritt mit 8,06 Gewichtsprozent erwartungsgemäß stark in den Hintergrund, Korndurchmesser von 0,25—0,49 mm sind mit 91,9 Gewichtsprozent vertreten, der Sand ist somit recht gleichkörnig zusammengesetzt. Das geringe Zurücktreten des Erzes, das außergewöhnlich starke des Granates sprechen für die Mitwirkung mittelkräftiger Winde bei der Auswehung des Schwergutes. Es liegt somit in dem als braun bezeichneten Sande ein Auswehungsrückstand vor.

Probe 23 schließlich ist der Vordünenhalde entnommen, die am Beobachtungstage kilometerweit von derartigem Material bedeckt war:

	Gesamtsand	0,12 bis 0,25 mm	über 0,25 mm
	%	%	%
Erz	3,8		12,5
Granat	1,7	nicht	74,5
Quarz	89,7	gezählt	11,8
Rest	4,9		1,2

Die Hauptfraktion tritt mit 0,3 Gewichtsprozent völlig zurück, auch die sonstige „Nebenfraktion" ist nur mit 41,85 Gewichtsprozenten vertreten, da 42,4 Gewichtsprozent Korndurchmesser über 0,49 mm haben, weitere 15,45 Gewichtsprozent sogar solche über 1 mm. Auch hier liegt ein eindeutiges Auswehungsresiduum vor, wie sich schon auf Grund des Geländebefundes erwarten ließ.

Das Ergebnis der mineralstatistischen Auszählungen widerspricht somit nicht den aus geologischen Beobachtungen gezogenen Schlußfolgerungen: Es ist zulässig, die vor und in der Vordüne abgesetzten Schwermineralkörner aus der im äolischen Abbau befindlichen Strandwallseife abzuleiten. Jedoch läßt sich eine Einheitlichkeit der auf diese Weise entstehenden äolischen Strand- und Vordünenseifen nicht feststellen. Wohl aber wird die Sonderung durch den Wind deutlich, und zwar in der Weise, daß je nach Windstärke (und -dauer?) verschieden schwere (und große) Körner umgelagert werden bzw. zurückbleiben. Ein großer Teil der Schwermineralkörner der Hauptfraktion scheint somit bereits im Herbst vor Eintritt des ersten zerstörenden Hochwassers, jedoch nach Einsetzen der Herbststürme dem Strande verloren zu gehen, da dieser Teil in die Dünen verweht wird.

Auch darf nicht vergessen werden, daß der durch die vorliegenden Mineralzählungen ausgedrückte Zustand von durchaus ephemerem Charakter ist. Bereits geringe Zunahme der Windstärke oder Änderung der Windrichtung kann das Bild in kürzester Frist, die u. U. nach Stunden zu bemessen ist, völlig umgestalten. Die fortlaufende Beobachtung der Strandseifen mit dem Fortschreiten der Jahreszeit bestätigt dies.

2. Abbau und Umbau der Strandseifen durch Herbst- und Winterhochwasser (hierzu Tafeln XIII—XVI.)

Daß der Herbst eine Zeit der Abtragung und Einebnung des Strandes ist, ist der Bevölkerung der Seebadeorte seit langem bekannt, denn in dieser Jahreszeit werden die im Sommer von den Badegästen im Strandsand verlorenen Gegenstände wieder sichtbar — meist als „Decksteine" winziger äolischer Tische — und von der Jugend eingesammelt. Die im Herbst zunehmende Windstärke allein ist für diesen Abbau am Strand — und damit auch an den Strandwallseifen — verantwortlich. Den ganzen Strand überspülende Hochwasserstände sind im eigentlichen Herbst an der hier behandelten Küstenstrecke selten, setzen jedoch im allgemeinen im Spätherbst ein und intensivieren das vom Herbstwind eingeleitete Zerstörungswerk. Das erste herbstliche Hochwasser beendet die Zeit des normalen herbstlichen Seifenabbaues und beginnt den grundlegenden Abbau und Umbau der Strandseifen.

Der erste Sturm, der die Küstenstrecke im Beobachtungsjahr traf, wehte aus Nordwesten und brachte einen Wasseranstieg von 40—60 cm ü. MW, der aber nicht ausreichte, den Strand überall und bis an den Dünenfuß unter Wasser zu setzen.

Die Witterung nach dem ersten Sturm am 3. Oktober bedingte das aus Fig. 8 ersichtliche Verhalten des Ostseespiegels: Mehrere Wochen hindurch blieb der Wasserstand in der Nähe von MW und darunter; so wurden an den verschiedenen Beobachtungstagen Pegelstände von 464, 448, 487, 500, 510, 465, 485, 480 abgelesen (MW = 500). Der höchste erreichte Wasserstand wurde am 28. November mit 588 = 88 cm ü. MW festgestellt — damit war bereits die Grenze erreicht, von der an man von Hochwasser reden kann; denn 88 cm ü. MW bedeutet, daß der gesamte Strand des Beobachtungsbereiches unter Wasser gesetzt wird. Erheblich höher stieg der Ostseespiegel am 11. Dezember, wo morgens 600, mittags 610, nachmittags 628 und abends noch 621 abgelesen wurde, zur Zeit des Höchststandes somit 128 cm ü. MW, also ebenso hoch wie anläßlich der Märzflut.

Vor dem ersten hohen Wasserstand am 28. November wurde der Strand noch mehrfach begangen. Der „normale" herbstliche Abbau, der im vorigen Absatz behandelt wurde, ging in dieser Zeit von rund 7 Wochen weiter, so daß wir uns bei der Beschreibung auf das Wesentliche beschränken können:

Bereits zu Beginn des letzten Oktoberdrittels zeigte sich, daß nicht nur die Lagerstätten I und II zusammenhingen und somit eine zusammenhängende Seife bilden, sondern auch, daß der ganze Strand zwischen der Ostmole und Heideck Seifen, Spuren und Nester in fast lückenloser Folge trug. Außerdem ist der flächige Ausbiß der Seifen ausnahmslos breiter geworden, das Denudationsmuster (Batikmuster) ist weit verbreitet, die Strandwälle sind stärker verebnet, das Schwergut ist durch den Wind in einzelnen Flecken bis auf die Vordünenhalde hinaufgetragen worden. Ein bemerkenswerter Unterschied zeigte sich bei den sog. Lagerstätten I und II: während II zunehmend abgebaut wird, wird I, die offenbar in besser geschützter Lage liegt, noch immer angereichert. Erhöhte Konzentration und verdickte Deckschicht bewiesen es an zahllosen Stellen. Im Bereich des Seeschlages erscheinen zunehmend Spülsäume von Schwermineralien, die in der vorangegangenen Jahreszeit selten gewesen waren. Diese Schwermineralspülsäume erwiesen sich als mehrschichtig.

Ein Besuch am 2. November, also etwa 1 Woche nach dem vorigen, zeigte infolge des ruhig gebliebenen Wetters keine grundsätzlichen Veränderungen. Lagerstätte II hat weiterhin abgenommen, während I auch jetzt noch besser konserviert erschien. Die Abtragung ist bisher ausschließlich auf Rechnung des Windes zu setzen. Die Denudation des Strandes hat weitere Seifen freigelegt, so daß nunmehr die ganze Strandstrecke zwischen Ostmole und Rettungsschuppen sowie erheblich darüber hinaus eine geschlossene Seife von mehr als 2,5 km Länge aufweist.

Der Strand machte an diesem Tage hier den Eindruck starker Ansandung; erst östlich des Rettungsschuppens wurde er schmäler, wo ja auch die Dünen niedriger und schmäler sind. Überhaupt korrespondiert die Strandbreite weitgehend mit der Höhe und Massigkeit der benachbarten Dünen. Beide erscheinen als Funktionen der Sandanlandung — eine Beobachtung, die keineswegs neu ist, wohl aber im vorliegenden Zusammenhang neue Bedeutung gewinnt (s. u. S. 55). Im Zusammenhang mit der Frage nach der Entstehung von Schwermineralseifen sagen Dünenhöhen und -breiten mehr aus als Zahlenwerte für den jährlichen Abbruch oder Zuwachs der Küste.

Ein Bereich besonders hoher Schwermineral-Konzentration wurde in Lee eines Bretterzaunes angetroffen. Da hier der Fall künstlicher, wenn auch unbeabsichtigter Anreicherung der Lagerstätte vorliegt, soll diese Beobachtung in einem besonderen Abschnitt besprochen werden (S. 59ff). Vergleichbar reine und mächtige Anreicherungen zeigten sich im Bereich der Lagerstätte I an deren westlichem Anfange, also in unmittelbarem Lee der Ostmole. Auch hierauf soll weiter unten noch eingegangen werden (S. 45). Erneute Besuche im Laufe des November bestätigten die gewonnenen Vorstellungen vom Ablauf des herbstlichen Windabbaues am Warnemünder Ostrand.

In der gleichen Zeit, d. h. bis gegen Ende November, hatte sich auch am Weststrand der herbstliche Abbau durchgesetzt. Zwischen Warnemünde und der Stoltera waren erheblich größere Flächen von Schwermineralsand entblößt worden als die vorangegangenen Beobachtungen hatten erwarten lassen (Abb. XI, 2): So reichen die Seifen, wenn auch lückig und vielfach unterbrochen oder übersandet, von Westen her bis an das erste Haus von Warnemünde, nach unserer Zählung also bis Buhne 1.

Im Bereich der ersten Buhnen finden sich lediglich isolierte Teilstücke, die aus schwarzem, also granatarmem Sande bestehen. Zwischen Buhne 4 und 5 hat das relativ hohe Wasser vom Oktober Geröll auf die Strandwallseife gepackt, von Buhne 7 an ist das Strandwallseifen-Material zum großen Teil äolisch in die Sandhalde der Vordüne verschleppt. Rechtwinkelig zur Strandachse verlaufende Flechtzäune zwischen den Buhnen 5 und 8 haben Veranlassung zur Zurückhaltung des im übrigen verwehten Schwersandes gegeben; zumal die Vordünenhalde ist in diesem Bezirk erheblich reicher an Schwermineralien als an den übrigen Strecken[1]). Unweit

[1]) Der Mineralbestand der äolischen Vordünenseife setzt sich nach den Auszählungen von Fräulein ENZENROSS zu 34,6 Kornprozent aus Erzen, zu 49.3% aus Quarz und zu nur 6,4% aus Granat zusammen. Der Rest von 9,7% sind sonstige, meist schwere Mineralien. In der an der Zusammensetzung des Sandes mit 80,4 Gewichtsprozent be-

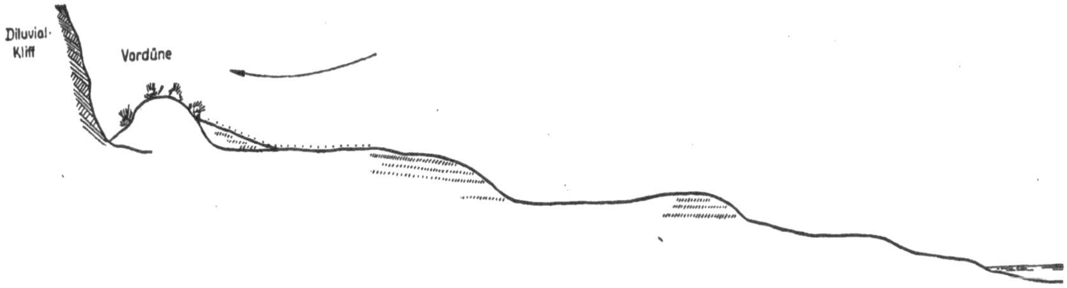

Fig. 13. Situation Warnemünde-West bis Stoltera nach dem ersten Herbsthochwasser am 18 11. 1949: Verdoppelung der Strandwallseifen zwischen Buhne 13 und 16/17 als Folge der Bildung eines Hochwasserstrandwalles. Die Strandwallseifen sind reduziert, die Strandsenken eingeebnet, das Seifenmaterial durch den Wind zum größten Teil an und in die Vordüne verlagert

Buhne 10 — die Buhnen liegen im Durchschnitt jeweils 100 m auseinander, doch gilt das nicht überall — finden sich Schwermineralanreicherungen in zwei Strandwällen (Fig. 13), aber erst von Buhne 14 an schließen sich die Fleckenseifen zu einer durchgehenden Strandwallseife zusammen und beginnt der Granatanteil die Farbe des Seifengutes zu bestimmen[1]. Wir haben somit am 18. November zwischen Buhne 1 und Buhne 14, d. h. auf fast 1,5 km Länge, nahezu reine Erzanreicherungen zu verzeichnen, während von Buhne 14 an nach Westen Granat-Erz-Sande folgen. Ob hierin eine Gesetzmäßigkeit zum Ausdruck kommt, etwa die zunehmende Entfernung vom Diluvialkliff, ist nicht zu entscheiden.

Die geschlossene Granat-Erz-Seife reicht bis Buhne 21 und etwas darüber hinaus nach Westen, erstreckt sich also über eine Länge von rund 700 m bei einer Breite von 2—3 m und einer Mächtigkeit des reinen Schwersandes (taube Mittel nicht mitgerechnet) von wenig mehr als 5—6 cm. Sie enthält demnach etwa 87,5 cbm Schwermineralsand (einschließlich des Quarzanteiles). Westlich von Buhnen 21/22 tritt Schwermineralsand nur noch nesterweise inmitten des hier den Strand bedeckenden Gerölls auf. Bis Buhne 26 bleibt der Sand weiterhin vorwiegend rötlichschwarz, da der Granatanteil offenbar nicht hoch ist (weiter nach W wurde die Begehung an diesem Tage nicht ausgedehnt). Das Bild der die Stoltera begleitenden Seifen im November zeigt Abb. XI, 2. (Zur Ergänzung der eben auf Grund des Oberflächenbefundes gegebenen Vorratsberechnung sei eingefügt, daß zwischen Buhne 10 und Buhne 21/22 die Seife, die oberflächlich nur fleckweise sichtbar ist, sich in der Tat als zusammenhängend erwies (Länge 1200 m, Breite 2,5 m, Mächtigkeit des Schwersandes 0,05 m; Inhalt an quarzhaltigem Schwersand somit 150 cbm).

Abgesehen also von den durch den herbstlichen Abbau bedingten Erscheinungen wie Vergrößerung der oberflächlichen Ausbisse, d. h. Freilegung größerer Seifenteile und Einebnung der Strandwälle, erscheint das herbstliche Bild der Seifen zwischen Warnemünde und der Stoltera gegenüber dem im September angetroffenen nicht grundsätzlich verändert. Jedoch bedeutet das Überwiegen der äolischen Abtragung der Strandwallseifen sowohl östlich wie westlich von Warnemünde insofern eine Neuverteilung der Rollen, als aus dem bei der Zerstörung freiwerdenden Schwergut in weit stärkerem Maße, als es im Spätsommer und Frühherbst der Fall war, die Vordünenhalde gespeist wird: Der äolische Aufbau der Vordünenseife ist die positive Kehrseite der herbstlichen Abtragung der Strandwallseifen. Weiter unten wird gezeigt werden, daß die Anreicherung der Dünenseifen im umgekehrten Verhältnis zum Abbau der Strandseifen steht, auch wenn nicht der Wind, sondern das Ostseewasser Träger der Umgestaltung ist (S. 46).

In den letzten Novembertagen trat — wie bereits berichtet — zum erstenmal im Beobachtungszeitraum ein erheblich über MW liegender Wasserstand ein — der erste Vorbote der herbstlichen und winterlichen Hochwässer. Wenige Tage, nachdem der Pegel 540—560, vorübergehend auch 583 gezeigt hatte, wurde der Weststrand bei einem Ostseestand von etwa 475, also 25 cm unter MW, begangen.

Im Bereich der Lagerstätte I war der Strand auf 700 m Länge von der See aus bis ungefähr zur Mitte

teiligten Hauptfraktion (0,12—0,25 mm ⌀) sind 46,3% Erz, 34,2% Quarz und 13,9% Granat vertreten. Die Nebenfraktion (0,25—0,49 mm) beansprucht 17,4 Gewichtsprozent, die feinste Korngröße rund 2,2%. Der Schwermineralsand dieser Windseifen erweist sich somit als recht gleichmäßig im Korn und als außergewöhnlich arm an Granat. Beides dürfte als Funktion der gleichen Windstärke zu deuten sein (Probe 25).

[1]) Eine an dieser Stelle entnommene Probe (Probe 26) zeigte — ebenfalls nach Mitteilung von Fräulein ENZENROSS — folgendes Bild der mineralischen Zusammensetzung:

	Im Gesamtsand	0,12 bis 0,25 mm	Gewichtsanteil der Korndurchmesser 0,12 bis 0,25	0,25 bis 0,49
	%	%		
Erz . . .	58,9	62,2	89,7	6,1
Granat . .	24,7	28,4		
Quarz . .	9,2	7,8		
Rest . . .	7,2	1,6		

Dieses Konzentrat steht zwischen normalen Schwermineralsanden und dem in der vorigen Anmerkung erwähnten äolischen Schwersand, dürfte demnach als Zwischenprodukt der Ausblasung einer Strandwallseife aufzufassen sein. Die bewirkende Windstärke muß eben ausgereicht haben, den Granat fortzunehmen, nicht aber mehr den Erzanteil.

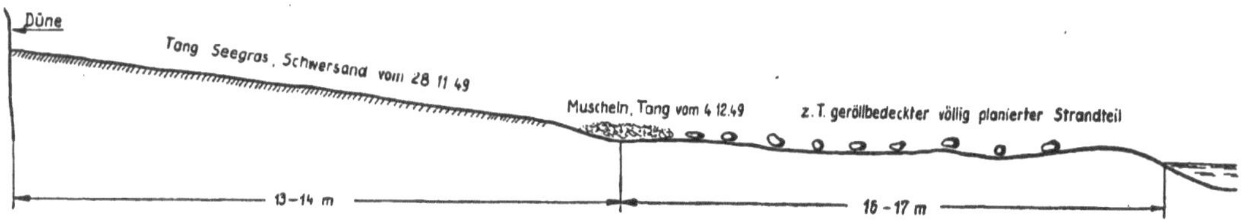

Fig. 14. Strand Warnemünde-Ost am 8. 12. 1949 bei Pegelstand 485 = 15 cm unter MW. Der linke — landwärtige — Strandteil ist, gleichsam Strandwall des Hochwassers vom 28. 11., weithin mit Schwersand bedeckt. Die seewärtige Hälfte des Strandes ist, völlig planiert und — abgesehen von örtlich abgelagertem Geröll — frei von Strandgut. Hier hat vordem der schwermineralführende Strandwall (Lagerstätte I) gelegen. Sein Schwermineralinhalt liegt nunmehr, mehrere Zentimeter mächtig auf mehr als 10 m Breite vor der Düne, sowie in mehrschichtigen Lagen unter dieser Deckschicht. Das „Batikmuster" dieser ephemeren Windseife deutet auf bereits einsetzende Denudation. Die Entwicklung von der Umlagerung des Strandwalles bis zur erneuten Abtragung umfaßt nicht mehr als eine Woche

vollständig glatt gefegt und zeigte kaum irgendwelche Unebenheiten, auch so gut wie kein Strandgut, nur war er streckenweise mit einer dichten Lage von Geröll bepackt. Längs der Strandmittelachse folgte ein bescheidener Spülsaum von Strandgut (Fig. 14), in der Hauptsache Miesmuscheln, Tangen und Seegras. Dieser Spülsaum entsprach dem Höchststand der See an den Tagen vor der Besichtigung, an denen der Pegel etwa MW verzeichnete. Landwärts des Spülsaumes war der Strand am 28. November überstaut gewesen: Dieser Teil zeigt eine etwas unregelmäßigere Oberfläche, aber den gleichen stetigen Anstieg, wie der seeseitige Strandteil, von dem er nur durch eine kaum bemerkbare Kante getrennt ist.

Der vordem vorhandene Strandwall samt seiner Schwermineralanreicherung ist somit verschwunden, durch Hochwasser hinweggefegt. Der landwärtige Strandteil darf als Strandwall des Hochwassers aufgefaßt werden, der die halbe Strandbreite bis zum Dünenfuß einnimmt. Demzufolge ist der gesamte vorhanden gewesene bzw. der gesamte nicht fortgespülte Schwermineralsand auf diesem Strandteil konzentriert, wo er in einem mehrschichtigen Profil mit einer mehrere Zentimeter mächtigen Deckschicht große Flächen bedeckt (Abb. XV, 2). Bezeichnenderweise bezeugt das ebenfalls weitflächig vorhandene Batikmuster, daß die Abtragung auf dieser jungen Anreicherung fast unmittelbar nach deren Ablagerung eingesetzt hat — ein erneuter Beweis für die Labilität allerStrandablagerungen einschließlich der Schwermineralseifen.

Von der hier gewonnenen Erfahrung aus gewinnt auch die oben diskutierte Ansicht Trusheims und anderer Autoren ein neues Gesicht. Grundsätzlich hat sich der von Trusheim beschriebene Hergang am Warnemünder Oststrand in gleicher Weise abgespielt, sofern man von der gleichen Erscheinungsfolge auf den gleichen Hergang schließen darf: In beiden Fällen hat sich nach einer kurzdauernden Hochwasserperiode von wenigen Stunden eine mehrschichtige Seife gezeigt, die alsbald der Abtragung anheimfiel. Da aber im vorliegenden Falle keinerlei Dünen zerstört worden sind, diese also auch nicht das die neue Seife aufbauende Material geliefert haben können, entfällt mindestens für unsere Beobachtung die Möglichkeit einer Deutung im Sinne von Trusheim. Vielmehr ist eine offenbar durchaus gleichartige Seife wie in jenem Falle, so hier in Warnemünde, lediglich dadurch entstanden, daß ein exzeptioneller Hochwasserstand Schwergut vom Strande aufbereitet und verlagert hat. Es handelt sich somit in Warnemünde keinesfalls um die Projizierung des Schwermineralinhaltes der Dünen auf die Fläche des abradierten Strandes.

Die Beobachtungen nach dem Hochwasser der letzten Novembertage bestätigten sich in verstärktem Maße Mitte Dezember, nachdem am 11. Dezember die Ostsee am Strande auf mehr als 120 cm

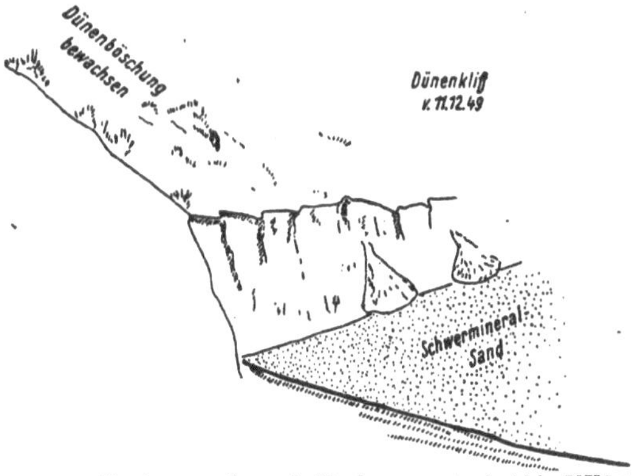

Fig. 15. Vordünenseife nach Hochwasser (vgl. Abb .VXI 1 und 2) östlich von Warnemünde, in Höhe von Straßen-km 1,3 bis mehr als 1,5 (15. 12. 1949)

über Mittelwasser gestiegen gewesen war und den ganzen Strand unter Wasser gesetzt hatte, nachdem somit das erste wirkliche Hochwasser eingetreten war.

Da am Tage der Begehung die Ostsee auf 20 cm unter MW stand, zeigte sich der Strand in beträchtlicher Breite; so war der Badestrand von Warnemünde (Weststrand) auf eine lange Strecke mehr als 100 m breit, weithin tennenglatt und auf großen Teilen von zurückgebliebenem Ostseewasser bedeckt, das eine leichte Eisdecke trug.

Jenseits des 100 m breiten Strandes ist die Vordüne mehrfach auf mehr als 100 m Länge angenagt und bildet ein frisches, noch unverstürztes Kliff (Abb. XVI, 1 u. 2 und Fig. 15). Vor dem jungen Kliff lagen weithin Anreicherungen von Schwermineralsand in mehrschichtigen Profilen (Abb. XV, 2), während der Strand im übrigen völlig frei von Schwermineralien war. Stellenweise war der Schwersand auch 0,5 bis 1 m auf die unversehrte Dünenböschung hinaufgeschwemmt worden. Wo die Vordüne unversehrt geblieben ist, war sie doch überspült worden. Schwermineral-Anreicherungen finden sich daher in beträchtlicher Ausdehnung in dem Tälchen zwischen Vor- und Hauptdüne. Nach allen Beobachtungen ist der Schwersand an die neuen Absatzstellen lediglich durch Wassertransport gelangt; insbesondere fehlte noch jede Windrippelung, jede Anreicherung in Windlee von Hindernissen usw.; auch ist der Schwersand offensichtlich zwischen der Ablagerung und der Beobachtung nicht getrocknet, ja, einen Teil der Zeit sogar durch Frost festgelegt gewesen. Es besteht somit die Möglichkeit der Entstehung von Vordünenseifen auch auf aquatischem, nicht nur auf äolischem Wege, bzw. auf einem beide Faktoren vereinigenden Wege.

Soweit westlich von Warnemünde Dünen vorhanden sind — auch vor dem Diluvialkliff fehlen sie nicht ganz (S. 9) — ließen sich die gleichen Feststellungen treffen.

Wo Dünen fehlen, tritt das Diluvialkliff an ihre Stelle: Vor diesem ist der früher vorhanden gewesene Strandwall weitgehend, ja, praktisch völlig verschwunden (Abb. XI, 2); sein ehemaliger Inhalt an Schwersand liegt am Fuße des Diluvialkliffs, gleichsam als neuer, dem Hochwasserstand vom 11. Dezember entsprechender Strandwall. In gleicher Situation treten neue Geröllansammlungen in beträchtlichem Umfange auf. Abgesehen von den Schwersandseifen am Fuße des Kliffs finden sich Schwermineral-Ansammlungen nur nesterweise in das Strandgeröll gebettet. Fließstreifen und andere Erscheinungen sprechen dafür, daß ein Teil der Mineralien in See gegangen ist. Hier und da läßt sich der alte Strandwall mit seinem Schwersandinhalt noch unter der jungen Geröllbedeckung feststellen (Fig. 16). Für äolische Verlagerung fehlen alle Hinweise. Das Bild des Strandes und seiner Seifen ist eindeutig durch das Hochwasser vom 11. d. M. bestimmt. Frischer Tang, Seegras, frische *Mya*-Anspülungen und — stellenweise — größere Mengen von Seesternen sind über die ganze Strandbreite verteilt. (Bei dem Seestern handelt es sich um die Nordseeart *Astropecten irregularis*, die für gewöhnlich nicht über das Kattegat und die Insel Alsen in die westliche Ostsee vordringt, offenbar aber — wie im vorliegenden Falle — durch geeignete Strömungen und Sturmflut weiter verschleppt werden kann).

Auffallend war am Beobachtungstage das weit verbreitete Auftreten von Schwermineralspülsäumen, wie es im Sommer und Herbst sonst außerordentlich selten ist. Im Bereich vor Wilhelmshöhe (Buhnen 20, 21, 22 und weiter) hatten sich die Spülsäume der letzten Tage — vielleicht auch nur der letzten Stunden — im Bereich des gegenwärtigen Ostseespiegels zu einer 8—10schichtigen Strandwallseife summiert (Abb. IV 1 u. 2), die bei einer Breite von etwa 1,2 m (nach Land zu ausdünnend) über mehr als 300 m Länge verfolgt wurde, ohne daß damit noch ihr Ende erreicht war.

Strandwallseifen entstehen somit in der Tat als summierte Spülsäume. Sie bleiben jedoch nur erhalten, wenn der Wasserstand sinkt. Auf längere Dauer bleiben sie nur bestehen, wenn sie in einer Höhenlage abgesetzt werden, die danach für Monate nicht wieder erreicht wird — also beispielsweise diejenigen Strandwallseifen, die dem letzten Frühjahrshochstand der Ostsee vor Eintritt der sommerlichen Ruhe und „Stabilität" ihre Entstehung verdanken. Damit sind die oben auf Grund der Frühherbstbeobachtungen ausgesprochenen Schlußfolgerungen weitgehend bestätigt (S. 26).

Östlich von Warnemünde hatte sich das Hochwasser vom 11. Dezember in grundsätzlich gleicher Weise ausgewirkt.

Auch hier war der Strand entweder völlig planiert und reingefegt oder mit Treibgut überdeckt, das sich bis 0,5 m über Strand bis in die Dünen hinaufzog. Die Abtragung des Strandes gegenüber dem letzten Besuch ist erheblich gewesen; große Fremdkörper, von denen bis dahin nichts zu sehen gewesen war, ragten nun weit über Strandniveau auf. Stellenweise kam der liegende Flachmoortorf zutage — eine Erscheinung, die an diesem Strandteil ungewöhnlich ist. Der Strand ist frei von Schwermineralsand. Nur am Fuße der Düne und sich auf diesen hinaufziehend ist er noch vorhanden, in besonders hoher Konzentration und einer Mächtigkeit von 10 bis 20 cm (!) in der Vordünenhalde am Beginn der (früheren) Lagerstätte I, etwa zwischen Kilometer 0,15 und 0,25. Hier ist die Seife hochkonzentriert und mächtig, jedoch an Ausdehnung erheblich geringer als auf der ursprünglichen Strandlagerstätte, aus der das Material stammt. Auch hier sprechen alle Anzeichen für Verschwemmung, kein einziges für äolische Verlagerung. Die Transportkraft des Hochwassers muß erheblich gewesen sein; denn Schwer-

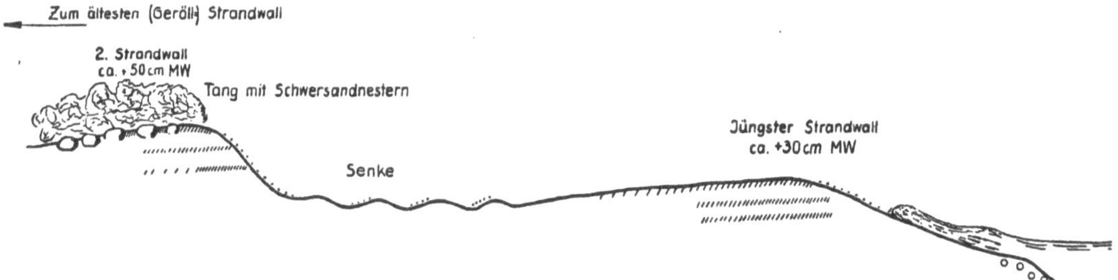

Fig. 16. Vor Wilhelmshöhe, Warnemünde-West, Buhne 20—22 am 15. 12. 49. Das zurückgehende Hochwasser hat drei schwermineralführende Strandwälle geschaffen: den höchsten Geröllwall außerhalb der Zeichnung, am Fuße des Diluvialkliffs der Stoltera; den mittleren (2.), in etwa 50 cm über MW, der aus geröllbedecktem, von Schwersandschichten durchsetztem Sand besteht und mehrere Dezimeter hoch mit frischem Tang bedeckt war; schließlich den jüngsten, noch nicht vollendeten Strandwall, der dem gegenwärtigen Wasserstand entspricht (vgl. Abb. IV 1 und 2). Wahrscheinlich hat sich diese ganze Entwicklung innerhalb von 3—4 Tagen abgespielt

mineralseifen treten nur in Brandungslee von Hindernissen, wie Betonblöcken, Dünenvorsprüngen u. dgl. auf. Auch ist ja bezeichnend, daß die erwähnte besonders hochkonzentrierte Teillagerstätte zwar in normalem Lee der Ostmole liegt, wo im gesamten Beobachtungszeitraum die nahezu reichsten Ansammlungen vorhanden waren, jetzt aber doch nur in Brandungslee von Hindernissen. Selbst also in der geschützt erscheinenden Bucht an der Ostmole vermochte sich der Schwersand auf freiem Strand nicht vor der Gewalt des Hochwassers zu halten (über den zwiespältigen Charakter dieser Bucht vgl. S. 54).

Im Bereich der Lagerstätte II, zwischen Kilometer 0,95 und etwa 2,2, ist die künstliche Anreicherung dem Blick durch Übersandung entzogen (S. 59ff). Im übrigen ist Schwermineralsand nur noch vor der Düne — in gleicher Situation wie vorher — zu finden. Die ganze begangene Strecke zeigt eine offenbar lückenlose Vordünenseife aquatischer, oder besser: mariner Entstehung. Die Situation ergibt sich aus Fig. 15. Das Profil ist vielfach mehrschichtig, jedoch längs der höchsten, von Schwermineralsand erreichten Linie immer einschichtig (Fig. 16), d. h. längs jener Linie, die das Hochwasser zur Zeit seines höchsten Standes erreicht hatte. Diese Einzelschicht ist der Spülsaum des Höchststandes am 11. Dezember um etwa 15 Uhr.

Als wichtigste Ergebnisse der Beobachtung der Wirkungen des ersten wirklichen Herbsthochwassers sind festzuhalten:

Hochwasser von 1 m und mehr über MW überspült den ganzen Strand und zieht auch die Vordüne erheblich in Mitleidenschaft.

Der ganze Strand trägt infolgedessen das Gesicht, das ihm das einmalige, nur wenige Stunden währende Hochwasser aufgeprägt hat.

Derartige Hochwasserstände vermögen den Strand zu planieren, also die Mehrzahl der sommerlichen Ablagerungen zu entfernen und damit auch den größten Teil der schwermineralführenden Strandwälle zu zerstören.

Das Schwermineralgut wandert mit steigendem Wasserspiegel landwärts; seine äußerste Grenze entspricht, wo es in geschlossener Lagerung auftritt, dem höchsten erreichten Wasserstand. Darüber hinaus gelangt es durch den Seeschlag. An anderen Stellen häuft sich in gleicher Situation Geröll an.

Für äolische Mitwirkung fehlen alle Hinweise, jedoch tritt die Wirkung des Windes alsbald nach dem Trocknen des verlagerten Seifenmaterials in den Vordergrund.

Vordünenseifen entstehen somit auch durch Anschwemmung, gleichsam als Hochwasserstrandwall, also nicht nur äolisch und gravitativ. Es hat den Anschein, als ob durch Hochwasser größere Schwermineralmengen dünenwärts vertragen werden können als durch Wind allein. Allerdings dürften dabei auch größere Mengen durch Fortführung in und auf die Düne verloren gehen. Andererseits zerstört Hochwasser mit der ersten Düne und ihrer Halde auch die darin befindlichen Seifen und führt ihr Material aufs neue dem Kreislauf zu, soweit es nicht im Hinterland verschwindet.

Im ganzen wird der sommerliche Strandwall durch das erste Hochwasser an den Dünenfuß verschoben; dabei wird das Seifengut stärker konzentriert, an Masse jedoch vermindert.

Ein weiteres bedeutsames Ergebnis ist die Feststellung, daß Strandwallseifen in der Tat aus der Summierung von Spülsäumen hervorgehen und daß innerhalb ganz kurzer, evtl. nur nach Stunden zu bemessender Zeiträume mehrschichtige Seifen entstehen können, die im beobachteten Fall 10 bis 15 cm mächtig und mehrere 100 m lang sind.

e) Ergebnisse zur Entstehung und Umbildung der mecklenburgischen Litoralseifen beiderseits von Warnemünde (hierzu Tafeln I—XVI)

Herkunftsort für einen Großteil des in den Seifen angereicherten Schwermineralgutes ist das Diluvialkliff der Stoltera und ihrer westlichen Fortsetzung. Für die Herkunft aus Abrasionsflächen am Ostseeboden fehlen sowohl Hinweise wie Gegenbeweise. Es ist wahrscheinlich, daß ein Teil der Schwermineralien aus abradierten Diluvialflächen herstammt, wenn auch die Höhe dieses Anteils gern überschätzt wird. Zum mindesten ist wahrscheinlich, daß unterseeisch aufbereitetes Material in nennenswertem Umfang nur dann an den Strand gelangt, wenn es aus geringer, kaum mehr als 4 m betragender Wassertiefe stammt. In größerer Tiefe freigemachte Mineralkörner dürften vorwiegend, wenn nicht ausschließlich, in See wandern und nicht an den Strand (Taf. II).

In den Arbeitsbereich des Seeschlags gelangt das Seifengut aus dem Kliff auf zwei Wegen: einmal wird es durch aus dem Kliff austretendes (Grund-) Wasser erstmalig angereichert, das die leichteren und feinkörnigen Bestandteile des Geschiebemergels und -sandes in See spült, die schwereren jedoch schon am Kliff-Fuß und auf dem kliffnahen Strand zurückläßt. Von hier gelangt das Gut früher oder später durch Regenwasser, übertretendes Hochwasser oder — selten — durch Wind in den Bereich von Schwall und Sog. Der mengenmäßige Anteil des auf diesem Weg in den Bildungsbereich der Strandseifen gelangenden Materiales ist nicht abzuschätzen (Taf. III — IV).

Außerdem gelangt periodisch eine größere Menge von Kliffmaterial infolge von Uferabbrüchen — besonders im Frühjahr — auf den Strand und in den Bereich des Seeschlages. Diese Mengen können für die Stoltera auf jährlich etwa 80000 cbm geschätzt werden, von denen einige Prozent Schwermineralien sind. Selbst bei der Annahme von nur 1% ergäbe das allein für die Küstenstrecke der Stoltera 800 cbm Schwermineralien, die der drei- bis vierfachen Gewichtstonnenzahl entsprechen dürften. Diese Größenordnung dürfte bereits ausreichen, die bis Rosenort beobachteten Seifen zu speisen, zumal anzunehmen ist, daß von dem auf diese Weise in den Schälungsbereich der Brandung gelangten Schwermaterial nur wenig seewärts verloren geht, das meiste vielmehr alsbald den Driftweg längs des Strandes einschlägt.

Auf den Strand gelangt das Schwermaterial durch den Wellenschlag und wird auf der Linie, auf der die Transportkraft des Schwalles erlahmt, als

Spülsaum zusammen mit anderem Strandgut liegengelassen. Die Anlagerung auf der Spülgrenze wird um so reicher und reiner sein, je stetiger und langfristiger geeigneter Wind weht, d. h. je länger der Ostseespiegel in gleichbleibender Höhe verharrt. Am förderlichsten dürften nordwestliche Winde sein, wie sie für den Sommer in diesem Gebiet bezeichnend und beherrschend sind (Taf. IV).

Der Spülsaum bleibt stabil, solange die Wetterlage sich gleich bleibt; er wird wieder in See gespült, wenn der Wasserstand steigt; er bleibt erhalten, wenn der Wasserspiegel infolge Umspringens des Windes in südliche, besonders südöstliche Richtung fällt.

Die Höhenlage des für die weitere Anreicherung allein zur Verfügung stehenden Schwermineralsaumes ist eine Funktion des Wasserstandes der Ostsee am Strand. Da der Seespiegel für gewöhnlich im Juli und August den höchsten mittleren Stand erreicht und einhält, lagert sich der Schwersandspülsaum etwas über MW, d. h. auf dem sommerlichen Strandwall ab. Doch kann sich der gleiche Vorgang selbstverständlich unter geeigneten Umständen ebensogut auf einem höheren wie niederen Wall abspielen (Taf. 6).

Auf dem Strandwall nimmt der schwere Sand die gleiche Position ein wie anderenorts Geröll: Beide bevorzugen aus physikalischen Gründen den oberen Teil der seewärtigen (Luv-) Böschung des Walles, der hier meist als „Kante“ bezeichnet wird.

Es sei hier noch einmal bemerkt, daß alle derartigen Schilderungen der Entstehung, Anreicherung und Umformung von Litoralseifen nur für die Fälle mittlerer Intensität der wirkenden Faktoren gelten: Geringere Transportkraft des Wassers oder Windes vermag die Schwerminerale überhaupt nicht zu bewegen, größere Kräfte tragen sie über den Strandwall hinaus oder verhindern die Trennung vom Leichteren, schwache Intensitäten bleiben auf die Seifenbildung ohne Einfluß, mittlere wirken aufbauend, stärkere zerstörend. Da jedoch die Intensität nicht nur in der Zeit wechselt, sondern auch im Raum, ist es jederzeit möglich, daß ein Vorgang, der an der einen Stelle zerstörend wirkt, an einer anderen aufbaut oder überhaupt nicht zur Wirkung gelangt. So kann zerstörender Sturm oder den ganzen Strand überrollender Seegang doch an wind- oder strömungsgeschützten Stellen Material absetzen oder auslesen und anreichern. Dieser Umstand erschwert die Deutung, insbesondere aber erschwert er auch die Vorstellung vom Ablauf der Seifenbildung und -umbildung. Er erschwert auch, wie unten noch einmal gezeigt werden wird, die Beurteilung der „Küstenbilanz“ und ihrer Beziehungen zur Seifenbildung, denn an einer als Verlustküste erwiesenen Strecke kann trotzdem zeitweise oder sogar dauernd Ansandung erfolgen.

Sofern die Wetterlage konstant bleibt, kann der Anlandungsvorgang sich über Wochen und Monate erstrecken. Gelegentliche Böen oder kurzfristige Zunahme der Windstärke — der Wind weht stoßweise und böig —, die nicht ausreichen, die abgesetzten Schwerminerale zu bewegen, vermögen jedoch u. U. die Quarzkörner aufzunehmen und den Leehang des Strandwalles hinabzurollen oder zu tragen. Ebenso können gelegentliche höhere Wellen einen Teil des Strandwallgutes wieder mit in See nehmen. Es scheint, daß in erster Linie auflandiger Wind die Kantenanreicherung zu konzentrieren vermag. Durch Fortführung der leichteren Minerale wird die Seife angereichert. Gleichzeitig wird aber der Strandwall abgeflacht, verebnet und landwärts verbreitert. Vorübergehend stärkere Winde, welche die Seife mit Quarzsand zudecken, vermögen diesen Vorgang nicht zu verhindern, da der aufgewehte leichte Sand meist bald wieder leewärts weiterwandert — selbstverständlich auch das nur dann, wenn nicht etwa Windstille eintritt oder Landwind einsetzt. Infolge der äolischen Auslese, die nach gewisser Zeit auch die unter der Seife liegende taube Sandschicht erfassen kann und die nächste Schwermineralllage mit der obersten verschmilzt, nimmt diese bei Fortdauer geeigneten Wetters an Mächtigkeit zu. Die Deckschicht ist bis in den Frühherbst hinein im allgemeinen mächtiger als die unter ihr liegenden älteren Schwermineralschichten. Denn da die erzeugende Wetterlage periodisch eintritt, spielen sich auch Ablagerung und Auslese des Seifengutes periodisch ab. Infolgedessen pflegt das Seifenprofil eine Reihe von Schwermineralllagen, getrennt durch Quarzsandmittel, zu umfassen (Abb. VI, 2).

Das Wesen dieser Periodizität ist noch nicht geklärt. Mehrschichtige Profile vermögen innerhalb weniger Stunden und Tage zu entstehen. Unabhängig jedoch von der Dauer der einzelnen Absatzperioden bleibt die Feststellung bestehen, daß die oberste, in Konzentrierung begriffene Schicht (Deckschicht) mächtiger zu sein pflegt als die unteren Schwersandlagen. Sämtliche Schichten werden innerhalb eines Sommers (des Frühsommers?) entstanden sein und jede von ihnen eine kürzere oder längere Bildungsperiode widerspiegeln, die von der jeweils folgenden durch eine Zeit ruhigerer Quarzsandaufwehung geschieden war. Die Deckschicht würde in diesem Fall die meist längere Zeit anhaltende spätsommerliche Wetterlage repräsentieren. Die ganze Seife würde einem einzigen Sommer ihre Existenz verdanken. Doch ist nicht ausgeschlossen, daß die tiefsten Erzlagen aus früheren Jahren erhalten geblieben sind, wie ja Zahl und Mächtigkeit der Schichten überhaupt nur das Ergebnis von Neubildung und Zerstörung sind — es bleibt bei weitem nicht alles erhalten, was entsteht. Da die Entscheidung wichtig ist für die Beurteilung der Erneuerung etwa abgebauter Schwermineralseifen, insbesondere für die Ermittlung der alljährlich nachgeschaffenen Mengen und somit der Zeitdauer für die Neulieferung des abgebauten Materiales, soll ihr in den kommenden Jahren besondere Aufmerksamkeit zugewendet werden.

Der weitere Weg des Schwermateriales vollzieht sich gleichzeitig mit dem Vorgang der Anreicherung auf der Strandwallseife, in verstärktem Maße jedoch zu Zeiten, in denen höhere Windstärken und Wasserstände das Bild des Strandes und die Vorgänge auf ihm bestimmen: Durch zunehmenden Wind oder (und) überschlagendes Seewasser wird ein größerer oder kleinerer Teil des Seifengutes leewärts in die auf den Strandwall folgende Senke vertragen. In dieser wird das Gut je nach Witterung und Wasserstand entweder durch Wind (im Windschatten von Hindernissen) oder durch ablaufendes Seewasser (in Rippeln) vorübergehend abgesetzt. Bei stark ablaufendem Wasser wird ein Teil auf den Strand als winzige Bachseifen —, ein größerer wieder in See geschafft. Was übrig bleibt, wird durch den Wind dünenwärts vertragen, wo es bei mittleren Windstärken in der Jahr um Jahr neugebildeten Sandhalde vor der Düne zur Ruhe kommt oder bei Sturm ins Hinterland verweht wird (Taf. XII—XIII).

In der äolischen Vordünenseife tritt beim Abgleiten des Sandes zum Haldenfuß hin eine Entmischung in Leichteres und Schwereres ein, so daß solche äolisch-gravitativen Anreicherungen rein und hochprozentig sein können. Unterstützt wird die Konzentration durch Windauslese des Leichteren, auch durch gelegentlichen Hochwasserstand, sofern er den Dünenfuß erreicht.

Erneute Aufbereitung ist möglich: Während die Strandwallseifen — um von den ephemeren sonstigen Strandseifen, wie sie sich als Zwischenstadien immer wieder bilden können, abzusehen — in jahreszeitlichem oder jährlichem Turnus aufbereitet, umgestaltet oder vielleicht auch ganz zerstört werden, tritt eine grundlegende Umformung oder gar Beseitigung der äolischen Vordünenseifen aperiodisch ein. Durch ihre Höhenlage, die ± 1 m über MW beträgt, sind sie normalen Hochwasserständen und normalen Winden höherer Stärke einigermaßen entrückt. Stürme und exzeptionelle Hochwasserstände nagen sie an und können einen Teil der Vorhalde mitsamt ihrem Schwermineralinhalt u. U. fortführen, werden aber infolge ihrer Stärke nur selten und auch nur örtlich begrenzt kurzlebige Seifen vor der Halde erzeugen, da ihre Intensität gegenüber dem Schwere- und Größenunterschied zwischen Quarz- und Schwermineralkörnern keine Rolle spielt. Völlige Zerstörung der Halde der Vordüne und dieser selbst ist während des Sommers selten und dann auf begrenzte Küstenstrecken beschränkt wie die Sturmfluten, die sie bewirken.

Mit dem Ende der frühherbstlichen Schönwetterperiode, des Altweibersommers, beginnt der ausschließliche Ab- und Umbau der im Sommer gebildeten und im Frühherbst angereicherten Strandwallseifen. Bis zum Eintritt der ersten Herbststürme geschieht der Umbau verhältnismäßig ruhig und stetig.

Die Abbildungen Taf. VII — X lassen das Wesentliche dieses Vorganges erkennen: Der Strandwall wird von der Seekante und von der Oberseite (Leeböschung) her vorwiegend durch Wind abgetragen, denn zunehmende Windstärken nehmen nun auch neben den Leichtmineralien die schwereren Körner landwärts mit. An der Luvböschung des Strandwalles treten die Schwermineralagen in Ausbissen zutage, die sich oft Hunderte von Metern weit verfolgen lassen. Der Fuß der seeseitigen Strandwallböschung wird mit Schwermineralsand überrollt, der vom Winde zu Rippeln zusammengefegt werden kann (Abb. VII, 3). Auf der flachen Leeböschung (Oberseite) des Strandwalles werden die Batikmuster der Schwermineralschichten entblößt (Abb. VII, 1 VIII, 1), das Profil der Seife wird entsprechend abgetragen und verschwindet meist bis auf wenige von den tiefsten Schwersandlagen (Abb. VIII, 3).

Das Seifengut des Strandwalles wandert gemeinsam mit dem tauben Quarzsand vor dem Winde her, d. h. zumeist dünenwärts, bleibt auf diesem Wege vorübergehend im Windschatten kleinerer und größerer Hindernisse liegen, erreicht aber endlich doch die Sandhalde der Vordüne und diese selbst; bei höheren Windstärken wird es auch auf die Vordüne und über diese hinweg in das Hinterland vertragen und geht so dem weiteren Kreislauf der Seifenbildung verloren.

Mit der Intensivierung der Windtätigkeit, die diese Jahreszeit kennzeichnet, geht ein stärkerer Wechsel der Wasserstände Hand in Hand, als vorher der Fall war; gelegentlich kommt es zu Wasserständen von mehreren Dezimetern üb. MW, also solchen, die einen Teil des Strandes überspülen, jedoch noch nicht eigentlich als Hochwässer anzusprechen sind. Überschlagendes Wasser verschleppt das Schwergut über den Strandwall hinweg leewärts (Abb. IX, 1—2), nimmt auch einen Teil seewärts zurück, wo es dem Seeschlag anheimfällt und die Wanderung längs des Strandes wieder aufnimmt. Wasservertragenes und äolisch transportiertes Seifenmaterial wird in den Strandsenken durch ablaufendes Wasser in Wasserrippeln abgesetzt, von wo es bald danach wieder vom Wind aufgegriffen und weiter befördert wird. Überhaupt spielt in dieser Periode der Wind die Hauptrolle als Umgestalter der Strandwallseifen und als Transportkraft für die Schwermineralkörner. Dementsprechend nimmt die Vordünenhalde zusehends an Schwermineralgut zu. Es scheint, daß die Hauptbildungs- und -bereicherungszeit der äolischen Vordünenseifen in den Herbst vor Eintritt der ersten Stürme fällt. Allerdings geht in derselben Zeit auch ein Teil des Schwersandes im Hinterland verloren.

Das Ergebnis dieser Periode ist auf den Taf. XI u. XII dargestellt: Stark denudierte Strandwälle, unregelmäßig verwehtes Schwergut (der Strand sieht in dieser Zeit „unordentlich" aus); erhebliche Flächen vor der Vordüne und auf der Dünenböschung, die gleichmäßig oder in Windrippeln von dunklem Sand bedeckt sind und teilweise von taubem Sand, flächig oder in gravitativen Gleitzungen, überdeckt und überrollt.

Mit Eintritt des ersten wirklichen Hochwassers von 1 m und mehr üb. MW. ändert sich das Bild insofern, als nunmehr das Ostseewasser die Hauptarbeit bei der Umgestaltung und Umlagerung der Seifen übernimmt, während der Wind in die zweite Reihe verwiesen wird (Taf. XIII — XVI). Ein einziges Hochwasser genügt, um den Strand reinzufegen und fast das gesamte Schwermaterial dünenwärts zu verlagern. Innerhalb weniger Stunden verschwinden sämtliche Neubildungen des Sommers vom Strand und das Schwergut sammelt sich vor der angegriffenen Vordüne in mehrschichtigen Seifen, gelangt durch Dünenlücken in die Senke zwischen Vor- und Hauptdüne und bildet hier geringkonzentrierte Schwermineralagen (Abb. XVI, 1). Da die Sandhalde der Vordüne, die sich im Laufe des Sommers gebildet und mit Schwermineralagen angereichert hatte, schnell abgeräumt wird, verschwinden auch die äolischen Vordünenseifen. Daraus geht hervor, daß diese — von geringen Ausnahmen abgesehen — kurzlebige Sommerprodukte sind und Jahr für Jahr neu entstehen können. Anreicherungen innerhalb der Vordüne, wie sie durch Hochwasser entblößt werden können, sind hingegen längerlebige Erscheinungen.

Für die Hochwasserseifen vor und auf der Vordüne aber ergibt sich, daß auch sie jahreszeitlich gebunden sind, und zwar sowohl hinsichtlich ihrer Entstehung wie auch ihres Vergehens. Nur ein Teil des in ihnen vorübergehend abgesetzten Seifenmateriales dürfte in die Vordünenseife des kommenden Jahres mit eingehen.

Die Umlagerung des Strandwallgutes zur Düne hat einen erheblichen Schwersandverlust zur Folge, andererseits aber ist das neu abgelagerte Material höher konzentriert als es auf dem Strandwall normalerweise war. Die ersten Hochwasserseifen enthalten somit zwar das reinste Schwergut, doch in geringerer Menge als die Strandwallablagerungen, aus denen es stammt.

Alle unsere Seifentypen sind durchaus labile und im letzten daher auch kurzlebige, ephemere Gebilde, die einem gewissen, scheinbarstabilen Witterungszustand ihre Entstehung und vorübergehende Erhaltung verdanken, beim Umschlagen des Wettercharakters jedoch schneller, als sie entstanden, wieder vergehen. Da derartige, ausschlaggebende Wetteränderungen an der Küste eine weitgehende jahreszeitliche Periodizität aufweisen, ergibt sich ein jahreszeitlicher Rhythmus im Entstehen, Verhalten und Vergehen der Litoralseifen.

Ein Ende der Seifenbildung, der Abschluß des geschilderten Turnus, ist nur dann und dort möglich, wo das gesamte Schwergut dem engeren Strandbereich entzogen wird — durch Sturm und Sturmflut ins Hinterland entführt oder durch Sturmsee weit hinaus auf die Schorre und über diese hinaus getragen, so daß es den Weg zum Strand nicht mehr zurückfindet.

Ein Ende der Seifenbildung ist auch dort möglich, wo der Nachschub an Schwermineralien infolge langsamer Abnahme des Schwergutes nach Strömungslee (bei uns im wesentlichen also nach Osten) auf Grund der geschilderten Verluste sein Ende erreicht. Im Bereich der südlichen Ostsee zwischen Schleswig-Holstein und der Kurischen Nehrung scheint dieser Fall nirgends einzutreten, wenn man von Lücken in der Seifenverbreitung, wie sie infolge besonderer Küstenkonfiguration u. dgl. (vgl. S. 51ff) häufig vorkommen, absieht. Selbst wenn man, wie es hier geschehen ist, als wichtigste Schwermineralquelle die Abbruchstrecken der diluvialen Kliffs gelten läßt, läge hierin durchaus nichts Unerklärliches, zumal die Schwermineralkörner, von Jahr zu Jahr erneut in den Kreislauf der Seifenblidung einbezogen, ebenfalls jahraus, jahrein weiter nach Lee wandern. So kann man sich ohne Schwierigkeit vorstellen, daß etwa Stolteramaterial bis über Rosenort hinaus gelangt, wenn auch die Mengen gering sein werden. (In der Tat sind selbst so Kliff-ferne Strände, wie der von Zingse [östl. des Darß], keineswegs frei von Schwermineralseifen).

Wieweit künstlich Einfluß auf die Bildung und Anreicherung der Litoralseifen genommen werden kann, wird S. 59ff. diskutiert werden.

f) Ausblick auf weitere mecklenburgische Küstenstrecken

Die Küstenstrecke von Nienhagen im Westen über Warnemünde und das Fischland bis zum Darß ist durch Herrn E. Köster in den Jahren 1948 und 1949 unabhängig von den hier mitgeteilten Untersuchungen begangen worden, wobei manche Teilstücke im Abstand von rund einem Jahr zweimal besichtigt worden sind. Durch diese Begehungen (sowie solche des Verf. im Herbst 1950) ist es möglich geworden, nicht nur Verteilung, Zahl und Ausmaß der Seifen auf einer mehr als 60 km langen Küstenstrecke zu ermitteln, sondern darüber hinaus zu prüfen, ob und inwieweit etwa die größeren Seifen ihre Lage ändern. Auch Vergleiche mit Literaturangaben aus früheren Jahren und Jahrzehnten sind dadurch möglich geworden. Die genannte Strecke wurde gewählt, nicht nur weil sie von Rostock aus relativ leicht zugänglich ist und laufend überwacht werden kann, sondern auch weil sie, von je als besonders schwermineralreich bekannt, in dieser Hinsicht den Küsten des westlichen Mecklenburg überlegen ist. Auch von den Küstenstrecken des Ostens sind Seifen bekannt; doch hat die bisher durchgeführte Erkundung ergeben, daß die auf der begangenen Strecke erarbeiteten Gesichtspunkte ausreichen dürften, das Gesamtphänomen der Litoralseifen einigermaßen befriedigend zu klären. Es besteht die Absicht, die gewonnenen Vorstellungen in der Zukunft auch an den bisher noch nicht einbezogenen Küstenstrecken zu überprüfen.

Die Feststellungen der Kösterschen Begehungen sind in Fig. 17 zusammengefaßt, d. h. sie sind von den Aufnahmeskizzen 1 : 5000 über die Meßtischblätter 1 : 25000 auf die Karte 1 : 100000 übertragen worden. Die Kartenskizze läßt ohne weiteres Strecken bevorzugter Seifenbildung von solchen unterscheiden, auf denen Seifen kein übernormales Ausmaß annehmen oder ganz fehlen. Dazu ist jedoch zu bemerken, daß einmalige Begehungen keine absolute Gewähr für wirklich bindende Ansprache der beobachteten Seifen bieten. Wohl wird man die meisten Strandwallseifen annähernd richtig ansprechen, da es ja im Wesen dieses Typs liegt, daß er zutage tritt. Aber auch hier können örtliche Überdeckungen mit Flugsand beispielsweise Einzelseifen vortäuschen, wo zusammenhängende Großseifen vorliegen. Die oben mitgeteilten Beobachtungen beweisen es zur Genüge. Anders bei den äolischen Vordünenseifen: Deren Entstehungsumständen entspricht es, daß sie alsbald wieder eingesandet und damit dem Blick entzogen werden können. So hat sich eine der größten äolischen Seifen unseres Bereiches erst bei der zweiten Begehung entschleiert, nachdem der Verdacht entstanden war, daß die vielen beobachteten Einzelspuren zusammenhängen könnten. Trotz dieser Einschränkungen behält das Erkundungsergebnis seinen Wert, da es immerhin eine vergleichende Beurteilung der Schwermineral-Anreicherungen gestattet. So ist es möglich, in bezug auf die Anreicherung von Schwermineralsand günstig gestellte Küstenstrecken von solchen zu unterscheiden, an denen weniger günstige Voraussetzungen herrschen oder Seifen nicht gebildet werden.

Die Diskussion der Kösterschen Beobachtungen erfolgt im nächsten Kapitel, auf das daher verwiesen sei (S. 51ff).

Die außer den hier behandelten Seifen aus der Literatur bekannten Schwermineral-Anreicherungen der mecklenburgischen Küste sind unten erwähnt.

Erfahrungsgemäß werden im allgemeinen nur stark ins Auge fallende Anreicherungen beachtet. Die hier mitgeteilten Feststellungen erlauben daher den Schluß, daß Seifen von Schwermineralien weiterverbreitet und innerhalb der Verbreitungsgebiete häufiger sind, als das spärliche Schrifttum vermuten läßt. So waren nicht nur die zahllosen Einzelbeobachtungen KÖSTERS eine Überraschung, sondern auch die Feststellungen beiderseits von Warnemünde: aus diesem Bereich waren zwar durch MÄHL, SINDOWSKI, WASMUND, v. ENGELHARDT u. a. Schwermineralseifen als solche bekanntgegeben und bearbeitet worden. Ein solcher Umfang und eine solche Regelmäßigkeit ihres Auftretens jedoch waren trotz aller vorgängigen Mitteilungen kaum zu erwarten gewesen. So wird sich im Laufe der kommenden Ermittlungen zweifellos auch herausstellen, daß die Küstenstrecken, von denen Gelegenheitsbeobachtungen gemeldet worden sind, reicher sein dürften, als aus den kurzen Mitteilungen hervorgeht. Eine endgültige Klärung ist daher nur durch systematische Begehungen der gesamten mecklenburgischen Küste möglich, wie sie für das Jahr 1950 in Aussicht genommen sind.

Die bedeutsamsten, in der Literatur erwähnten Vorkommen von konstanter Lage sind die folgenden: Auf dem Priwall bei Travemünde, Gegend von Warnemünde, der Weststrand des Darß, der Weststrand des Ruden (heute infolge weitgehender Zerstörung der Insel bedeutungslos), der Freesendorfer Haken gegenüber der NW-Spitze der Insel Usedom, die Seeküste der Insel Usedom. Da eingehende Beschreibungen von diesen Lagerstätten nicht vorliegen, bzw. da, wo sie vorliegen, heutige Feststellungen fehlen, ist es auch nicht möglich, frühere Zustände mit dem gegenwärtigen Zustand zu vergleichen.

Die einzigen lagerstättenkundlichen Beschreibungen stammen von WASMUND (1939): Die Lagerstätte Stoltera-Warnemünde war im Frühjahr 1937 — also einer ungünstigen Jahreszeit — 600 m lang, durchschnittlich 20 (15—25) cm mächtig (diese Angabe dürfte sich auf das Gesamtprofil beziehen, soweit es schwermineralhaltig ist) und 3 (2—4) m breit. Sie soll 80% Schwermineralien enthalten haben.

Östlich der Ostmole (unsere Lagerstätte I) waren die Anreicherungen im Frühjahr 1937 unbedeutend. „Hier liegen im Sommer stärkere Anreicherungen."

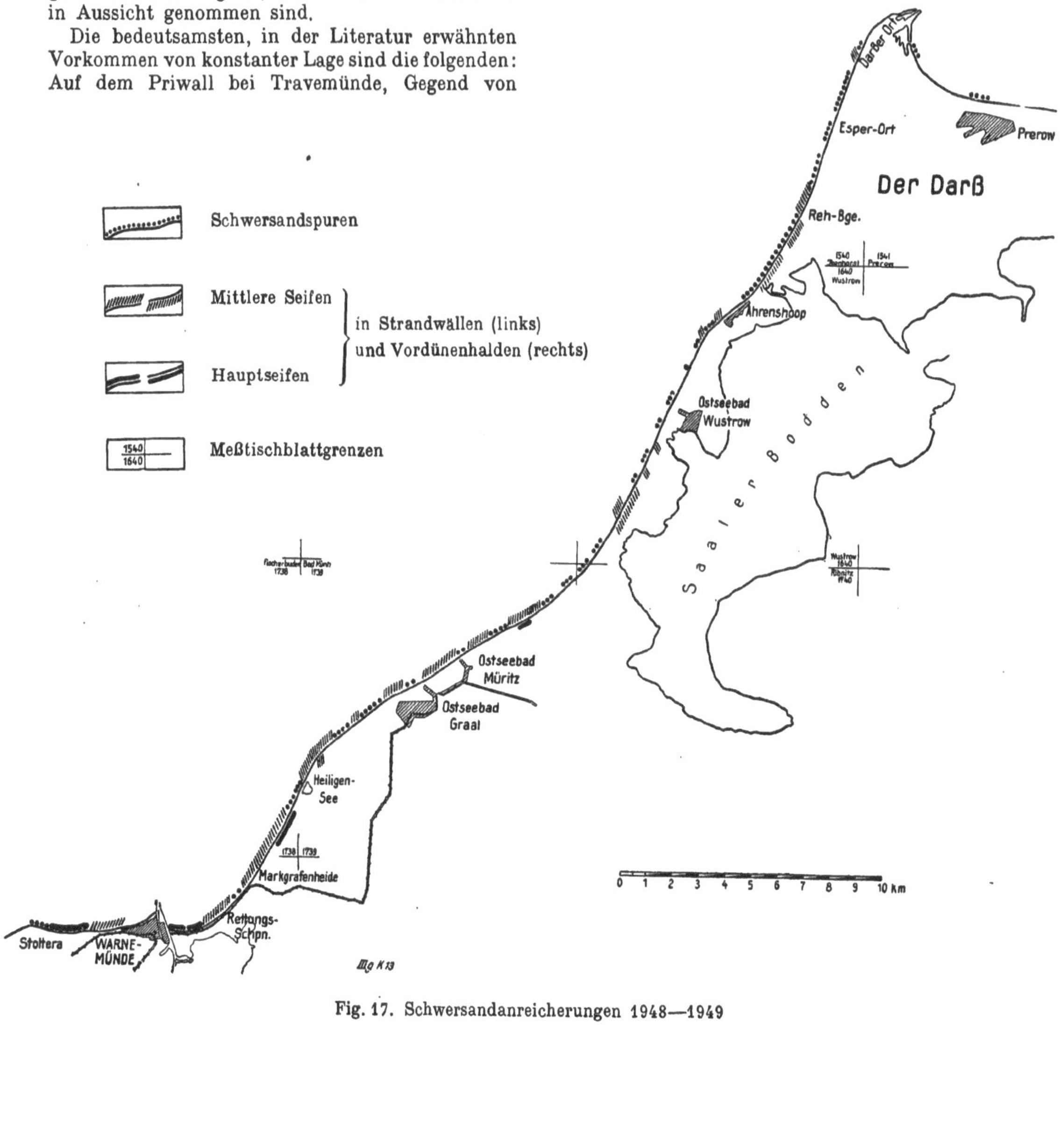

Fig. 17. Schwersandanreicherungen 1948—1949

Bei Markgrafenheide waren sie ansehnlicher: 30 cm fast reinen Granats auf 400 m Länge und 2—3 m Breite. Die Situation gibt WASMUND nicht an, so daß nicht ersichtlich ist, ob es sich um Strandwallseifen oder — was wahrscheinlicher ist — um Vordünenlagerstätten handelt.

Vom Weststrand des Darß berichtet WASMUND, daß sich hier granatreiche Nester von 10 cm Mächtigkeit fänden, aber keine durchgehenden Lagerstätten. Früher soll an Stelle des heute vorherrschenden Gerölles mehr Granatsand vorhanden gewesen sein. Möglicherweise sei der Bau von Buhnen schuld an dem Ausbleiben des Schwersandes.

Auf Usedom verzeichnet WASMUND in erster Linie die Lagerstätten von Zempin und Koserow, die im Gegensatz zu den übrigen Vorkommen zwischen Zinnowitz und Ahlbeck genutzt wurden. Bei Zempin liegt das Lager am Rand eines dünenartigen Kliffs (bei Kilometer 108) auf 600 m Länge und in einer Breite bis zu 20 m. „Vor Dünennasen war die ganze Länge in 5 m Breite abbaufähig, es liegen Seifen von 3,7—30 cm Mächtigkeit mehrfach übereinander, die nach See auskeilen.“ Es seien Wasserseifen, entstanden bei sturmflutbedingtem Küstenabbruch. Am ehesten scheinen diese Vorkommen den hochwasserbedingten Seifen, wie sie im Dezember 1949 beiderseits von Warnemünde entstanden sind, vergleichbar zu sein. Der Küstenabbruch würde danach nicht, wie WASMUND meint, ursächliche Bedeutung haben, sondern nur eine an sich unwesentliche Begleiterscheinung der Umlagerung des Schwergutes durch Hochwasser sein.

II. DIE RÄUMLICHE BEDINGTHEIT DER SCHWERMINERALSEIFEN DER MECKLENBURGISCHEN KÜSTE ZWISCHEN NIENHAGEN UND DARSS

Nachdem nunmehr durch die Behandlung der Litoralseifen an einer begrenzten Küstenstrecke von geringer Ausdehnung ein fester Standpunkt gewonnen ist, nachdem ferner die Entstehung und der Werdegang der Seifen auf dieser Strecke als weitgehend geklärt angesehen werden darf, ist der Frage nachzugehen, welche Faktoren das Auftreten der Seifen im großen bewirken, worauf es also zurückzuführen ist, daß und in welcher Verteilung Seifen über die mecklenburgische Küste verteilt sind, warum sie an der einen Stelle fehlen, an einer anderen aber unbeirrt neu entstehen und an manchen Örtlichkeiten in einem Umfang vorkommen, der es berechtigt erscheinen läßt, von Schwermineral-Lagerstätten zu sprechen. Wir beschränken uns dabei auf die erkundete Küstenstrecke von beiderseits Warnemünde bis zum Darß.

a) Küstenverlauf und Küstenbeschaffenheit in Beziehung zur Seifenbildung

Fig. 18 gibt die wichtigsten Daten zur Beurteilung der Küstenbeschaffenheit und der Ostsee, soweit sie hier von Belang sind: Sie verzeichnet die Beschaffenheit der Kliffstrecken, ob Diluvialkliff oder Dünensand-Steilufer; sie unterscheidet Strecken, die nur eine — meist künstlich angehägerte — Dünenreihe aufweisen, von anderen, an denen tiefer gegliederte Dünengruppen auftreten. Hinsichtlich des Verhältnisses zwischen See und Küste enthält die Karte Angaben über langjährige Abbruchs- und Anlandungsstrecken, sowie über die mehr oder weniger starke Küstenexponiertheit, die weitgehend von der Erstreckung der Küste zu den vorherrschenden Windrichtungen abhängt. Ferner sind, soweit derartige Angaben bekannt sind, ehemalige Seegatts (Verbindungen zwischen See und Hinterwasser) und beglaubigte Sturmfluteinbrüche angedeutet, sowie als vorherrschend erkannte oder vermutete Hauptrichtungen der Strandversetzung (Küstendrift, Sandwanderung) eingetragen — kurz, die Karte versucht, den Komplex von Erscheinungen und Vorgängen, die Anlandung und Küstenverlust bestimmen, nach Möglichkeit zu erfassen.

Bezüglich der geologischen Küstenbeschaffenheit und des Auftretens von Schwermineralseifen ist auf folgende Zusammenhänge hinzuweisen:

Die Küste setzt im Westen des Untersuchungsbereiches mit dem nahezu nordöstlich verlaufenden Geschiebemergelkliff von Nienhagen ein. Am Geinitzstein erreicht die Kliffküste ihre höchste Höhe und biegt gleichzeitig nach Osten ab. Einige Kilometer vor Warnemünde taucht das Diluvialkliff unter junge Dünen unter; gleichzeitig wird der Strand allmählich frei von Geröll und zunehmend breiter, bis er vor der Westmole von Warnemünde die größte Breite erreicht, die weitgehend durch die Existenz der langen Mole möglich geworden ist. Jenseits der Warnow springt der Strand stark zurück. Hier erhebt sich hinter dem wechselnd breiten, aber nie besonders schmalen Strand eine Dünenkette, die vor dem Einsetzen der Lagerstätte II ihre größte Höhe erreicht („Hohe Düne“ bei Kilometer 0,9 bis 1,0). Bis Heideck bildet ein schmales, bis zur Landstraße reichendes Dünengelände die landwärtige Begrenzung des Strandes. Südlich der Dünen liegt die Niederung des Breitlings, schlickige Verlandungswiesen, die seit Jahren weithin unter ausgedehnten künstlichen Aufschüttungen verschwunden sind. Bei Heideck hebt sich vorübergehend der verortete Flugsandsockel der jungen Dünen als kleines Kliff über den Strand, taucht aber bald wieder unter und macht einer zusehends schmäler und niedriger werdenden Dünenkette Platz, die den Strand von der dahinter liegenden Niederung trennt. Bei Punkt 1,9 verschwindet auch diese niedrige Düne bis auf Andeutungen, so daß der Strand fast unmerklich in das feuchte Hinterland übergeht, in dem der Heiligen-See liegt. Jenseits des Sees beginnt das mehrere Meter hohe Ortsteinkliff des von GEINITZ so genannten „Heidesandes“ der Rostocker Heide, der als mächtiger, älterer Flugsand aufzufassen ist. Bis Rosenort, also bis an die Grenze des engeren Untersuchungsgebietes, beherrscht dieses eigenartige Kliff das Bild des Strandes.

Das Kliff bestimmt das Aussehen des Ufers auch weiterhin bis in die Gegend von Graal, wo es den bezeichnenden Namen „Gelbes Ufer" trägt. Vor Müritz setzt dann wiederum die Düne, doch jetzt in größerer Breite, ein. Die Dünenzone bildet hier die seewärtige Begrenzung der Niederungen von Müritz und des Großen Moores, eines Hochmoores. Sobald dieses passiert ist, gelangt man in das kleine Dünenmassiv von Neuhaus, wo die Dünen mit etwa 12 m die größte, im ehemaligen Mecklenburg erreichte Höhe haben.

Während die Küste von Warnemünde bis Rosenort nordnordöstlich verläuft, biegt sie hier nach Nordosten um und behält diese Richtung bis Neuhaus im wesentlichen bei. Hier schwenkt sie wieder in die alte Nordnordostrichtung ein, die sich auf der Höhe des Fischlandes der Nordrichtung nähert, um weiterhin, nach Osten ausbiegend, steil Nordnordost bis zum Darßer Ort zu verlaufen.

Zwischen Neuhaus und dem Fischland wird der Dünenkamm so schmal, daß das niedrige Hinterland durch einen Deich gesichert werden muß, wenn häufige Übertritte der See zum Saaler Bodden verhütet werden sollen. Das Fischland bildet wieder ein Diluvialkliff. Nördlich vom Fischland setzt die Dünenküste des Vor-Darß und des Darß mit dem Dünenmassiv von Ahrenshoop ein und hält bis zum Leuchtturm Darßer Ort an. Darßer Ort springt als nach Osten gebogene Spitze nach Nordost vor, mit der anschließenden West-Ost-Linie des Darßer Nordstrandes die Prerower Bucht bildend.

Von dem vorspringenden Rosenort bis Graal findet sich eine Kette von Schwermineral-Anreicherungen, die jedoch nach den Kösterschen und eigenen Feststellungen anscheinend keine zusammenhängenden Seifen ausmachen. Vor Graal werden sie zu Spuren und Schleiern von Schwersand, die allerorts am Strande zu finden sind. Vor Müritz verdichtet sich der Schleier zu einer Reihe von einzelnen Strandseifen, die kurz vor Neuhaus, am Nordende des Großen Moores, die Ausmaße einer Lagerstätte erreichen. Von nun an bis zur Fischlandküste wird der Schleier am Strande immer lichter; unmittelbar nördlich von Neuhaus bleiben Schwermineral-Anreicherungen streckenweise ganz aus. Vor dem Fischlandkliff selbst fehlen Seifen wie vor Kliffen auch sonst — es ist auf dem weithin von Geröll über-

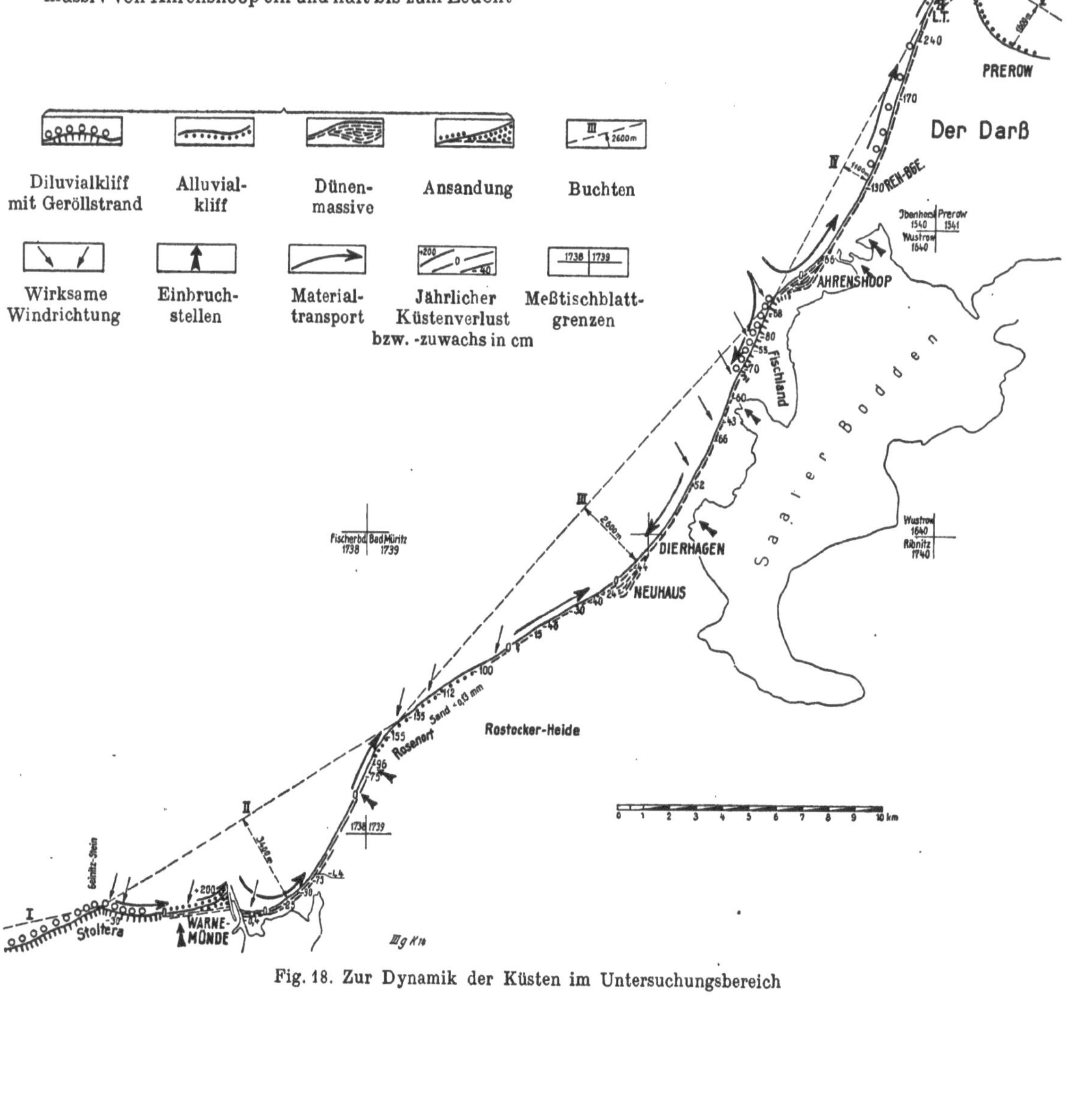

Fig. 18. Zur Dynamik der Küsten im Untersuchungsbereich

deckten Strand lediglich Platz für kleine Nester von Schwermineralsand. Nördlich von Ahrenshoop — am Vordarß — bleibt der Schleier dünn, doch verdichtet er sich vor dem eigentlichen Darß in zunehmendem Maße nach Norden. In der Gegend der Rehberge ist wieder eine Großseife zu verzeichnen, im ganzen übrigen Darßer Weststrand jedoch finden sich nur noch Spuren und Schleier. Die Mehrzahl der kartierten Anreicherungen ist am und auf dem Strand beobachtet worden; lediglich im Bereich des Vordarß verzeichnet KÖSTER Vordünenseifen, die dem Vorkommen der Lagerstätte Große Moorwiese vergleichbar sind.

Auf den ersten Blick scheint die Verteilung der Anreicherungen, wie sie hier mit allem Vorbehalt (vgl. S. 49f) mitgeteilt wird, längs der Küste keiner deutlichen Gesetzmäßigkeit zu unterliegen. Beachtet man jedoch, daß die Küste des Erkundungsgebietes in eine girlandenförmige Aneinanderreihung von flachen Buchten gegliedert ist, so ergibt sich eine gewisse Ordnung.

Diese Buchten, die im Gelände sehr viel deutlicher ins Auge fallen als bei Betrachtung der Karte, sind von Westen:

I. die Bucht von Kühlungsborn bis zur Ecke der Stoltera (Geinitzstein),
II. die Bucht von der Stoltera bis zum Rosenort (12 km Sehnenlänge),
III. die Bucht vom Rosenort bis zum Fischland (18—19 km Sehnenlänge),
IV. die Bucht vom Fischland bis zum Esperort bzw. bis zum Leuchtturm Darßer Ort (11 bis 12 km Sehnenlänge),
V. die Prerow-Bucht (6 km).

Diese Hauptbuchten sind streckenweise in flacher einschneidende Teilbuchten gegliedert, so etwa zwischen Rosenort und Gelbem Ufer, vor Graal—Müritz u. a. Doch scheinen diese Teilbuchten keine besondere Rolle zu spielen.

Sucht man die Seifen nach ihrer Größenordnung in bezug auf die Lage zu den Hauptbuchten zu fixieren, so ergibt sich:

Lage der Hauptseifen:

in Bucht I: —;
II: im Scheitel (Lagerstätten I und II) und etwa in der Mitte der Ostflanke (äolische Lagerstätte III);
III: im Scheitelbereich, jedoch außerhalb des durch das Dünenmassiv von Neuhaus markierten Bereichs starker Ansandung;
IV: im Bereich des (hier sehr flachen) Scheitels;
V: —.

Lage der mittleren Seifen:

in Bucht I: —;
II: beiderseits der Hauptseifen;
III: desgl., sowie einmal an der Ostflanke;
IV: südlich an die Hauptseife angelehnt;
V: —.

Nennenswerte Spuren finden sich:

in Bucht I: —;
II: am Westanfang;
III: an Teilen der südlichen und — geringfügiger — an der Nordflanke;
IV: an der ganzen Nordflanke;
V: im innersten Winkel und am Ostende.

Schwermineralarm bis -frei sind:

in Bucht I: die ganze Bucht;
II: der scheitelnahe Teil der Ostflanke;
III: Teile der Nordflanke (die den Ostflanken der Buchten I und II entspricht);
IV: die Nordflanke („Ostflanke");
V: die ganze Bucht (mit obiger Einschränkung),

außerdem die Bereiche lebhafter Ansandung, so der Weststrand von Warnemünde (möglicherweise durch Badebetrieb zerstört), der Winkel von Neuhaus, der Ahrenshooper Dünenstrand, Darßer Ort nördlich des Leuchtturmes, die Prerowbucht und andere kleinere Strecken.

Da sich das gleiche Bild an einigen Küstenstrecken sowohl 1948 wie auch 1949 nahezu unverändert gezeigt hat, darf angenommen werden, daß Karte 17 einen Dauerzustand wiedergibt.

Da die Transportverhältnisse längs des Strandes nicht nur von der Existenz von Buchten an sich beeinflußt werden, sondern in ihrer Intensität und auch in ihrer Richtung von der „Tiefe" der Buchten abhängen, d. h. von dem Betrag, um den die Buchten gegenüber der allgemeinen Küstenlinie zurückspringen, sei darauf hingewiesen, daß die Buchten um folgende Beträge einspringen (gemessen am Punkte der größten Entfernung der Buchtsehne vom Lande):

Bucht I: 2000 m (vor Börgerende);
II: 3400 m (vor dem „Rettungsschuppen");
III: 2600 m (vor Dierhagen);
IV: 1100 m (vor den Rehbergen);
V: 1600 m (etwa Mitte zwischen Prerow und Darßer Ort).

Bei einem Vergleich zwischen diesen Werten und den Angaben betreffend das Auftreten von Großseifen zeigt sich, daß die Buchten II und III deutlich bevorzugt sind und daß Bucht V frei von Großseifen ist, während Bucht IV in der Mitte zu stehen scheint (noch unsicher). Es scheint somit, daß die am tiefsten zurücktretenden Buchten die stärkste Anreicherung von Schwermineralien aufzuweisen haben.

Hinsichtlich der „mittleren" Seifen ergibt sich, daß deren Häufigkeit und Massigkeit mit der Tiefe der Buchten abnimmt, d. h. daß die Buchtstrände um so reicher an Schwermineralseifen sind, je tiefer die Buchten ins Land einschneiden.

Die Benachteiligung von Bucht I erklärt sich aus dem Umstand, daß hier die Küste von einem diluvialen Kliff gebildet wird, welches ein Geröllstrand begleitet bzw. daß auch die alluvialen Strecken hier außergewöhnlich geröllreich sind. Das Fehlen nennenswerter Schwermineralseifen in der Prerowbucht (V) dürfte sich aus der Tatsache herleiten lassen, daß hier die Ansandung außergewöhnlich lebhaft ist und daß daher etwaige Schwersandablagerungen in der Masse des tauben Sandes untergehen.

Somit scheint sich zu ergeben, daß die hinsichtlich der Ablagerung von Schwermineralseifen bevorzugten Küstenstrecken die Scheitel der flach in den Küstenverlauf einschneidenden Großbuchten sind und daß die Anreicherung von Schwermineralien von hier nach beiden Seiten abnimmt. Die Ostflanken der Buchten bzw. die ihnen entsprechenden Nordflanken scheinen am ärmsten zu sein. Völlig frei von Seifen scheinen außer den Geröllstränden, bei denen es sich von selbst erklärt, die Bereiche stärkster Ansandung zu sein. Darin liegt ein nur scheinbarer Widerspruch; denn die Bevorzugung der Buchtenscheitel und der Leeflanken der Großbuchten deutet darauf hin, daß die Ablagerungen von Schwermineralien in erster Linie eben an stille Winkel und im Strömungsschatten liegende Strekken, d. h. an Orte bevorzugter Strandsedimentation gebunden seien. Nun ergibt sich aus der eingehenden Besprechung der Seifen beiderseits von Warnemünde, daß die Seifenbildung ihrem ganzen Wesen nach nicht aus einem Gesichtspunkt heraus verstanden werden kann, sondern daß Seifen vielmehr als labile Stadien des Strandgeschehens nur aus dem Wechselspiel von Abtrag und Sedimentation, gekoppelt durch den vermittelnden Transport, verstanden werden müssen. Wo einer dieser Faktoren — Abtrag, Ansandung oder Transport — überwiegt, resultieren daher keine bleibenden Seifen. Das heißt, daß im Bereich starker Ansandung zwar auch Schwergut zum Absatz kommt, daß es aber unter der Menge des gleichzeitig oder nachträglich abgesetzten Quarzsandes verschwindet, Seifen somit nicht zustande kommen.

Unter den im Untersuchungsgebiet vorhandenen Großbuchten der Küste scheinen diejenigen, die am tiefsten in das Land eindringen, bezüglich der Entstehung von Schwermineralseifen besonders bevorzugt zu sein. Je größer die Entfernung der die beiden Buchtbegrenzungen verbindenden Sehne von dem Scheitel der Bucht ist, desto reicher und ausgedehnter scheinen die in deren Bereich gebildeten Seifen zu sein.

Eine besondere Bemerkung verdient die Teilbucht östlich der Warnemünder Ostmole, die eine aus dem Rahmen fallende Stellung einnimmt. Obwohl es sich hier um einen besonders stillen Winkel handelt, fehlt jedes Anzeichen von natürlicher Anlandung, ja, selbst die häufig in dieser Bucht untergebrachten Massen von Baggergut aus dem Strombett der Warnow und des Warnemünder Hafens halten sich hier nicht, sondern werden sehr bald wieder ausgeräumt. Auch sind ständig neue Strandsicherungen erforderlich, um allzuweit gehende Verluste zu vermeiden und die hinter dem Strand liegenden Baulichkeiten zu schützen. Bezeichnenderweise hat die Sturmflut vom März 1949 den Warnemünder Dünengürtel gerade hier überschritten und das Hinterland überschwemmt. Aber auch diese Teilbucht trägt Strandseifen, darunter besonders reiche wie die Lagerstätte I.

Offenbar ist es also nicht möglich, die Frage der Gesetzlichkeit der Seifenverteilung lediglich auf Grund einer Analyse der Küstenkonfiguration zu beantworten. Vielmehr ist es erforderlich, auch die Küstenbilanz einzubeziehen, das Verhältnis von Abtrag zu Anlandung, das seinen Ausdruck in langjährigen Küstenverlust- (bzw. -gewinn-)zahlen findet. Auch bei der Ermittelung der Küstenbilanz beschränken wir uns auf die hier besprochene Strecke. Die Prüfung auf die ganze mecklenburgische Küste auszudehnen, ist noch nicht angängig, da diese hinsichtlich des Auftretens und der Größenordnungen ihrer Schwermineralseifen erst mangelhaft bekannt ist. Man kennt wohl die Punkte und Teilstrecken, auf denen ständige Seifen vorhanden sind (S. 50). Doch fehlt für diese Bereiche noch die Kenntnis des geographischen und geologischen Rahmens, so daß es müßig wäre, sie in die folgende Analyse einzubeziehen.

b) Küstendynamik und Küstenbilanz in Beziehung zur Seifenbildung

Zur Ermittelung des Verhältnisses von Gewinn und Verlust an einer Küste stehen in der Hauptsache zwei Wege zur Verfügung: der morphologisch analysierende und der des Vergleichs verschieden alter Kartenaufnahmen bzw. in längeren Abständen wiederholter Vermessungsergebnisse. Während die morphologische Analyse im wesentlichen das Ergebnis der Bilanz zu ermitteln vermag, weniger aber den Ablauf selbst, besteht beim Kartenvergleich neben dem oft recht verschiedenen Genauigkeitsgrad der Aufnahmen und dem häufigen Fehlen zuverlässiger Fixpunkte eine Hauptschwierigkeit darin, daß der zwischen dem Erscheinen zweier Kartenwerke verflossene Zeitraum so kurz ist, daß er zur Ermittelung brauchbarer und den natürlichen Verhältnissen entsprechender Werte nicht ausreicht; denn auch die Dynamik des Küstengeschehens unterliegt aperiodischen Intensitätsschwankungen. So besteht die Gefahr, daß selbst über Jahrzehnte gehende Vergleiche zu geringe oder zu große Jahresdurchschnittswerte ergeben. Liegen jedoch ältere Karten vor, die zum Vergleich herangezogen werden können, wie im Falle der ehedem vorpommerschen Küste die SCHMETTAUsche Karte aus dem Ende des 18., sowie die schwedische Matrikelkarte aus dem Ende des 17. Jahrhunderts, so ist es nicht immer leicht, manchmal unmöglich, den Genauigkeitsgrad der Kartenzeichnung für Gebiete, die keinen unmittelbar wirtschaftlichen Wert hatten, mit Sicherheit zu ermitteln. Gerade Küstenstrecken aber sowie küstennahe Sumpfniederungen hatten keinen besonderen wirtschaftlichen Wert. Diese Vernachlässigung wertloser oder unwichtiger Flächen bei der Kartenaufnahme macht sich selbst noch bei den modernsten Kartenwerken bemerkbar. So sind größere Waldgebiete, noch mehr aber z. B. Dünengelände, vielfach in Aufnahme und Darstellung bewußt vernachlässigt.

Eine weitere Fehlerquelle ergibt sich daraus, daß fast jeder Beobachter unwillkürlich solche Punkte der Küste bevorzugt untersucht und vermißt, die die Erscheinungen des Abbruches (und der Ansandung) besonders eklatant zeigen. Werden so gewonnene Werte verallgemeinert, d. h. auf einen größeren als den Beobachtungszeitraum extrapoliert, so ergeben sich Küstenverlustzahlen, die tatsächlich nicht erreicht werden.

Allzuoft werden auch die leicht erreichbaren Küstenstrecken untersucht, die weniger leicht zugänglichen aber bleiben unbesucht. Da der Küstenschutz ebenfalls in erster Linie Interesse für die gefährdetsten Küstenstrecken hat, die oft genug nur Punkte sind, entsteht leicht ein Eindruck, der den wirklichen Verhältnissen nur annähernd gerecht wird. Und schließlich kommt noch eines hinzu: Es ist keineswegs gleichgültig, zu welcher Jahreszeit beobachtet worden ist. Im Sommer entsteht vor der eigentlichen Düne eine Sandhalde, die bei Messungen leicht als Dünenfuß genommen wird. Bei Sturmfluten wird das Kliff häufig unterkehlt, aber der Abbruch erfolgt oft genug erst im nächsten Herbst bzw. Frühjahr usw.

Vielfach lassen sich auch kartometrische Ergebnisse nicht recht mit morphologischen Befunden in Einklang bringen: Küsten, die zweifellos, auf längere Dauer gesehen, im Abbruch liegen, können umfangreiche Anlandungen aufweisen; andererseits können Anlandungsstrecken, an denen auf kartometrischem Wege kein Verlust nachgewiesen ist, deutliche und erhebliche Abbrüche und andere Zerstörungen zeigen. Ja, es gibt Punkte, die jeder Deutung spotten. So in unserem Gebiet der Strand unmittelbar östlich der Warnemünder Ostmole, der nach aller sonstigen Erfahrung als stiller Winkel in Lee der Mole reichliche Ansandung aufweisen müßte. Stattdessen hat sich bisher noch kein Weg gefunden, ihn vor ständigen Verlusten zu bewahren.

Die wichtigsten Faktoren, die das Ausmaß des Küstenabbruches bedingen, sind, wenn von Einzelheiten abgesehen wird, die Richtung des Küstenverlaufes zu den stärksten vorkommenden Winden — also nicht zu den, meist schwächeren, „vorherrschenden“ Winden —, die Lage insbesondere auch zu den meist von NO heranrollenden Sturmfluten (1949 macht eine Ausnahme). Nebenbei sei bemerkt, daß die „vorherrschenden“ Winde für die Frage der Seifenbildung wichtig sind, denn sie sind für die Richtung verantwortlich, welche die Strandversetzung während des größeren Teiles des Jahres einschlägt (S. 30). Die oft berufenen Küstenströmungen hingegen, die auf die Änderungen von Windrichtungen und -stärken nicht ohne weiteres ansprechen, sind ohne merklichen Einfluß auf das Geschehen am Strande. Wohl aber bestimmen die Winde die Höhe des Wasserstandes, und zwar für jeden Küstenverlauf andere Winde — und die Höhe des mittleren Wasserstandes sowohl, wie die exzeptioneller, wenn auch vorübergehender Hoch- oder auch Tiefwasserstände ist letzthin der entscheidende Faktor der Strandmorphogenese. Die mit der Höhe bzw. Tiefe des Wasserstandes korrespondierende Windstärke und -richtung ist darüber hinaus natürlich auch für die Intensität und das Tempo morphologischer Wandlungen am Strande verantwortlich.

Von den landseitigen Voraussetzungen des Küstenabbruches sind die wichtigsten die Form und Höhe der Küste, d. h. der landseitigen Begrenzung des Strandes, und das Material der Küste, insbesondere des Kliffes. Hinzu kommen die Breite und Höhe des eigentlichen Strandes, die aber weitgehend Funktionen der marinen Faktoren sind. Zudem ist sowohl die Breite des Strandes wie auch die von ihr zu einem gewissen Grade abhängige Höhe über MW recht labil und künstlich leicht zu beeinflussen.

Um das Gesagte durch ein Beispiel zu belegen: Ein Diluvialkliff wird durch einen hohen und breiten Strand soweit geschützt sein, daß es nur solchen Wasserständen ausgesetzt ist, die die Strandhöhe zu überwinden vermögen. Bei fehlendem Vorstrand aber wird es selbst durch Mittelwasser angenagt. Geschiebemergel wird in diesem Fall — im einzelnen brauchen die sich dabei abspielenden Vorgänge hier nicht zu interessieren — weniger leicht zurückgeschnitten werden als etwa in ihn eingebettete Sandlinsen oder sandige Küstenkliffs. Somit werden Geschiebemergelstrecken geringere jährliche Verluste aufweisen als sandige Kliffs, selbst wenn diese weniger exponiert sein sollten. Dementsprechend sind exponierte sandige Steilufer am stärksten gefährdet, wie z. B. das Dünensandkliff von Rosenort bis Graal trotz seiner Verfestigung durch Ortstein.

Dünenküsten sind trotz des leicht beweglichen Gesteinsmateriales, aus dem sie bestehen, auf die Länge gesehen, weniger gefährdet als Diluvialkliffs. Was an diesen einmal abgebrochen und vom Seeschlag aufbereitet ist, bleibt verloren; Dünen aber regenerieren sich schnell wieder, sofern genügende Sandzufuhr da ist. Daher sind Dünengruppen und -massive an unserer Küste ein Beweis für lebhafte Ansandung, u. U. trotz deutlicher Verluste. Je höher übrigens die Düne — sei es die Vordüne, sei es ein Dünenmassiv — ist, desto mehr Zeit braucht die Brandung, um sie zurückzuschneiden, desto geringer sind die Verluste bei Sturmflut. Das gleiche gilt übrigens auch für sandige Diluvialkliffs und wahrscheinlich auch für tonige Kliffs. Zwar wird die Brandungskehle bei einem niedrigen Geschiebemergelufer sich ebenso tief einschneiden wie in ein hohes Steilufer. Vielleicht wird bei dem hohen Kliff der Abbruch über der Hohlkehle sogar weiter landeinwärts reichen. Dafür aber brechen auch größere Massen ab, die von der Brandung aufgearbeitet werden müssen. Solange das nicht geschehen ist, schützen die Abbruchsmassen das eigentliche Kliff, ja, sie können sich begrünen, ehe sie abgeräumt worden sind und so zu einem dauernden Schutzgürtel werden.

Die Anlandung ist eine Funktion von Küstendrift und Uferkonfiguration, demnach wohl ein weniger komplexer Vorgang als der Küstenabbruch, vielleicht aber auch weniger stabil als dieser und nach Raum und Zeit wandelbarer.

Nach diesen Vorbemerkungen gehen wir zur Analyse unserer Küstenstrecke nach Gewinn und Verlust über:

Geinitz (1903ff.) und Zander (1934) haben den Landverlust der mecklenburgischen Küste zahlenmäßig zu erfassen gesucht. Ihre Ergebnisse werden hier, soweit sie als zuverlässig gelten dürften, verwendet und, wo es möglich ist, erweitert und ergänzt.

Da die See erst vor einigen tausend Jahren die Gegend der heutigen Küste erreicht hat, ist es nicht verwunderlich, daß seit der Litorinatransgression, seit der unsere Küste als im großen stabil gelten darf, der völlige, für eine Ausgleichsküste im Idealfall zu fordernde Gleichgewichtszustand noch nicht erreicht ist. Von kurzen Stücken abgesehen, hat daher die ganze Strecke als Abbruchküste zu gelten. Und auch für die wenigen Punkte, für die vorwiegende Anlandung angenommen werden muß, ist keineswegs erwiesen, daß diese Ruhe nicht nur scheinbar ist.

Fig. 18 gibt für diejenigen Punkte, deren Bilanz einigermaßen sicher bekannt ist, die jährlichen Durchschnittswerte des Verlustes bzw. des Gewinnes in Zentimetern an. Steht die Zahl landwärts der Küstenlinie, so liegt Landverlust vor, steht sie seewärts, so ist Zuwachs erwiesen. Eine Null, die die Küstenlinie durchbricht, bedeutet den wahrscheinlichen Gleichgewichtszustand zwischen Zuwachs und Verlust bzw. erst einmal, ehe die Frage des Zustandekommens der Bilanz geklärt sein wird, lediglich das Faktum fehlenden Zuwachses und fehlenden Abbruches bzw. die unveränderte Lage der Küste seit Beginn des Beobachtungszeitraumes. Dieser wurde bei Errechnung der jährlichen Durchschnittswerte möglichst groß genommen. Da zum Vergleich die verschiedenen Ausgaben der amtlichen Kartenwerke, die bis in die fünfziger Jahre des 19. Jachhunderts zurückreichen, sowie die SCHMETTAUsche Karte aus dem Ende und, für die pommerschen Landesteile, die schwedische Matrikelkarte aus der Zeit um den Beginn des 18. Jahrhunderts zur Verfügung stehen, geht der Vergleich nicht über diesen Zeitpunkt hinaus; meist jedoch muß er sich aus Gründen der geringeren Zuverlässigkeit der älteren Kartenwerke auf das 19. Jahrhundert, und zwar auf dessen zweite Hälfte beschränken. Daß in diesem Umstand gewisse Fehlerquellen liegen, wurde bereits oben gestreift (S. 54f).

Von West nach Ost ergeben sich für die hier behandelte Küste folgende wahrscheinliche Jahreswerte des Landverlustes bzw. -gewinns:

westlich der Stoltera (Geschiebemergelkliff) jährliche Verluste unter 30 cm, nach W geringer werdend;

Stoltera, höheres Geschiebemergelkliff mit Sandeinlagerungen und Störungen: Verluste von rund 30 cm, an den Sandstellen höher;

Dünenufer Stoltera-Warnemünder Westmole: von 0 auf 200 cm jährlich zunehmende Strandverbreiterung durch Ansandung;

östlich der Warnemünder Ostmole springt die Uferlinie mehr als 500 m gegenüber dem Weststrand zurück: jährlich 40 cm Verlust (?);

weiter östlich, im Bereich der „Hohen Düne" des Meßtischblattes, sind die Verhältnisse durch bauliche Eingriffe getrübt: Verlustwerte zwischen 0 und 35 cm;

im Bereich des Rettungsschuppens: 75—90 cm, unweit Heideck 40 cm;

am Oststrand Warnemünde scheinen somit die jährlichen Rückgänge vom Rettungsschuppen an beiderseits abzunehmen und an der Ostmole wieder anzusteigen. ZANDER konnte feststellen, daß die Strecke stärksten Abbruches infolge des Baues der langen Ostmole bzw. der Verlängerung der beiden Molen von Westen her in die jetzige Lage gerückt worden ist.

Der nächste ermittelbare Wert stammt von Punkt 1,9 im Bereich des Blattes Fischerbuden: hier herrscht seit Jahrzehnten Ruhe.

Mit Annäherung an das Ortsteinkliff steigen die jährlichen Verluste: Vor dem Südende des Heiligen-Sees auf 75 cm, vor seinem Nordende auf 90 cm, am Rosenort und jenseits davon auf 155 cm. Hier wird der höchste Abbruchverlust der ganzen Strecke zwischen Warnemünde und dem Fischland erreicht. Exponierte Lage und leichte Verletzlichkeit des Flugsandsteilufers, das einige Meter Höhe hat, spielen dabei mit.

Vor einer kleinen Niederung am Wiedort werden 100 cm Zuwachs errechnet, im übrigen aber halten sich die Verluste bis Graal hin durchweg um 100 cm und darüber.

Wo die Küste dann — bei Graal-Müritz — durch Buhnen gesichert ist, scheint Gleichgewicht zu herrschen; weiter östlich liegen die jährlichen Verluste zwischen 15 und mehr als 40 cm im Jahr.

Vor dem kleinen Dünenmassiv von Neuhaus betragen die Verluste 0 cm.

Die anschließende Nehrung, welche die Verbindung zum Fischland herstellt, verliert alljährlich, nach Norden zunehmend, 44, 52, 66 cm und noch an ihrer Fischlandwurzel mehr als 40 cm.

Das Fischlandsteilufer ist der Stoltera und ihren Lagerungsverhältnissen vergleichbar, doch liegen die Abbrüche infolge stärkerer Exposition gegenüber den Winden aus dem Westquadranten höher als dort: 55—70 und 80 cm sind sicher.

Wo die Küstenlinie nördlich des Fischlandes etwas nach Osten einbiegt, deutet wieder ein Dünenmassiv auf geringen oder fehlenden Verlust: Es werden in der Tat auch 0 cm errechnet.

Die Westküste des Darß liegt auf ihrer ganzen Erstreckung bis zum Leuchtturm im Abbruch, und zwar nehmen die Verluste nach Norden regelmäßig zu: beginnend mit 66 cm, werden an den Rehbergen schon 130 cm, am Esperort 170 cm, weiter nördlich gar 240 cm erreicht.

Am Darßer Ort-Leuchtturm kehrt sich das Verhältnis um. Es setzt Anlandung ein, die am Darßer Ort selbst auf 970 cm im Jahr ansteigt. (Die Angaben für den Darß nach OTTO auf Grund des Vergleiches mit der schwedischen Matrikelkarte und anderen Kartenwerken.)

Am Strand der Prerowbucht herrscht eindeutig beträchtliche Ansandung, die unmittelbar im Schatten von Darßer Ort am größten ist und auf Prerow zu allmählich abnimmt. Hier setzt wieder Verlust ein.

Vergleicht man die Lage der größten Seifen mit diesen Angaben, so ergibt sich:

Stoltera-Warnemünde	=	jährlicher	Küstenverlust	bis 30 cm,
Lagerstätte I	=	„	„	40 „ 0 „
Lagerstätte II	=	„	„	0 „ 25 „
Lagerstätte III	=	„	„	um 0 „
Seife westlich Neuhaus	=	„	„	unter 20 bis 0 „
Seife Rehberge	=	„	„	um 130 „

Während die ersten fünf Beziehungen darauf hindeuten, daß Großseifen bevorzugt an Küstenstrecken mit geringen jährlichen Verlusten gebunden sind, fällt die letzte Angabe völlig aus dem Rahmen, doch ist noch nicht sicher, ob die Seife „Rehberge" den übrigen an Bedeutung gleichkommt. Demnach kann die Höhe des Verlustes allein nicht bestimmend sein und WASMUNDs Formulierung (S. 39), daß Seifen eine Funktion des Küstenrückganges seien, bedarf zum mindesten der Einschränkung.

Die mittleren Seifen verteilen sich folgendermaßen:

Strecke um Heideck	=	jährl.	Küstenverlust	unter 40 cm[1]),
Rosenort	=	„	„	155 cm,
Müritz-Neuhaus	=	„	„	15 bis 40 cm,
Neuhaus-Wustrow	=	„	„	66 cm (?)
Nördlich Ahrenshoop	=	„	„	66 bis 130 cm,

Die Verlustwerte liegen hier durchweg höher als bei den Großseifen. Es scheint, als wäre die Möglichkeit

[1]) Bei dieser Seife kann man im Zweifel sein, ob sie nicht in die vorige Gruppe gehört. Überhaupt gilt die hier gewählte Einteilung vorerst nur für 1948/49!

Nachtrag: Das Gesamtbild der Seifen hat sich in den Grundzügen auch 1950 und 1951 — abgesehen von den Folgen abweichender Witterungsabläufe — nicht geändert.

zur Anreicherung von Schwermineralien der Höhe des jährlichen Küstenverlustes umgekehrt proportional.

Die Küstenstrecken, auf denen Schwermineralien in Kleinseifen und „Spuren" verzeichnet sind (KÖSTER), weisen folgende Werte auf:

Gegend von Graal	=	jährl. Küstenverlust um 100 cm,
Fischlandnehrung	=	„ „ 33 bis 66 „
Ahrenshoop	=	„ „ 60 „
Westdarß nördl. Esperort	=	„ „ 130 bis 240 „
Prerowbucht: West	=	„ „ Anlandung
: Ost	=	„ „ etwa 0 cm

Eindeutige Beziehungen sind hier nicht erkennbar. Doch scheinen Strände, die ausschließlich Kleinseifen aufweisen, verhältnismäßig stark im Verlust zu liegen bzw. Bereiche betonter Anlandung zu sein. Das bestätigen bis zu einem gewissen Grade die folgenden Angaben:

Die praktisch schwermineralfreien Küstenstrecken haben folgende Verlustbeträge zu verzeichnen:

Westlich Warnemünde	=	erhebl. Ansandung u. Badebetrieb,
Östlich Lagerstätte	=	jährl. Küstenverlust 25 bis 90 cm,
Nördlich Neuhaus	=	„ „ 44 und mehr „
Fischlandsteilküste	=	„ „ 75 bis 70 „ (Geröllstrand)
Darßer Ort	=	erhebliche Ansandung

Scheidet man Warnemünde-West als unsicher aus und nimmt man Stoltera westlich des Geinitzsteines, sowie den Fischlandstrand als Geröllstrände aus dem Vergleich heraus, so bleiben die beiden Bereiche lebhafter oder ruhiger Ansandung Neuhaus und Darßer Ort übrig, während es bei der Strecke östlich von Lagerstätte II zweifelhaft sein kann, ob sie zu dieser oder der vorigen Gruppe zu rechnen ist.

Somit ergibt sich aus diesen Vergleichen vorerst, daß die

Großseifen Strände mit Küstenverlustziffern von 0 bis etwa 40 cm bevorzugen, in Ausnahmefällen auch ausgesprochene Abbruchstrecken einnehmen (?), daß ferner

schwermineralfreie Strecken Bereiche starker Ablagerung und Anlandung zu sein scheinen. Mittlere Seifen und Spuren scheinen, soweit Verluststrecken in Frage kommen, um so weniger bedeutend zu werden, je stärker der jährliche Rückgang der Küste wird. Aber auch Ansandung kann Abnahme der Schwermineralseifen bewirken.

Das Ergebnis ist angesichts der vielen Ausnahmen von diesen vorläufigen „Regeln" einigermaßen unbefriedigend. Das hat wohl seine letzte Ursache darin, daß das, was in den Wertziffern jährlichen Küstenverlustes ausgedrückt wird, das Ergebnis eines recht komplexen Vorganges ist oder wenigstens sein kann.

Es wurde bereits darauf hingewiesen, daß ein Strand, der per saldo Rückgang aufweist, doch nicht frei von „Anlandung" zu sein braucht. Andererseits haben „reine" Zuwachsstrecken wie am Darßer Ort doch auch — und zwar oft recht erhebliche — Rückgänge zu verzeichnen. Die bisher verwendeten Ziffern geben somit lediglich das Ergebnis der Bilanzierung von Gewinn und Verlust, sagen aber nichts darüber aus, auf welche Weise das Endresultat zustande gekommen ist. Es ist ein ähnliches Ergebnis wie bei der Berechnung der jährlichen Beträge von Dünenbewegungen.

Insbesondere ist folgendes zu berücksichtigen: Seifen, ganz gleich, von welcher Größenordnung sie sind, sind immer nur ephemere Gebilde (was nicht ausschließt, daß sie immer wieder die gleichen Küstenstrecken bevorzugen) — labile Erzeugnisse der gestaltenden Faktoren innerhalb eines gegebenen Bildungsraumes. Auch die Küste ist labil; die Durchschnittswerte des jährlichen Küstenrückganges sind insofern irreführend, als keineswegs in jedem Jahr der Durchschnittswert realisiert wird. Wenn man beispielsweise hört, daß die Hochflut vom März 1949 an den Rehbergen mindestens 10 m Küste fortgenommen hat, der Durchschnittsbetrag aber nur 1,3 m ausmacht, so ergibt sich der Verlust von etwa 7,5 Jahren an einem Tage. Das bedeutet aber nichts anderes, als daß diese Küstenstrecke normalerweise, d. h. in ruhigen Jahren und Jahrzehnten, keinerlei Verlust zu verzeichnen haben wird, ja, sogar wieder zunehmen kann. Tatsächlich sind für die als regelmäßig unterstellten Verluste weit weniger die normalen und die mittleren oder auch nur die vorherrschenden Winde und Wasserstände verantwortlich zu machen, als vielmehr die seltenen Sturmfluten, zum mindesten aber die stärksten Winde und die höheren Wasserstände. Auf der anderen Seite dürften die Umstände, die eine Ansandung hervorrufen, also Zuwachs bringen, Funktionen der Strandversetzung sein, für die nun wieder die „vorherrschenden", die normalen Winde die Ursache sind. (Übrigens findet sich in der einschlägigen geologischen Literatur m. W. kein einziges Mal die Angabe, bei welchem Wasserstand etwaige Strandbreitenmessungen vorgenommen worden sind: Landwind und der korrespondierende niedrige Wasserstand können einen erheblich verbreiterten Strand vortäuschen, während umgekehrt Seewind den Strand zu verschmälern scheint.)

Wetterkatastrophen schaffen in größerem Maßstabe nirgends Neuland, sie zerstören lediglich; ruhige, stetige Wetterlagen bewirken nirgends nennenswerte Zerstörungen. Oder, mit anderen Worten: Zerstörung, Abbruch, Küstenverlust erfolgen immer mehr oder weniger katastrophisch und aperiodisch; Aufbau, Ansandung, Zuwachs hingegen sind die Folgen stetiger Abläufe von mittlerer („normaler") oder geringer Intensität, jedoch langer Dauer und periodischer Wiederholung im Turnus der Jahreszeiten. Man kann diese Feststellung hinsichtlich der Seifengenese dahin pointieren, daß man sagt: Seifenbildung und Anreicherung hat unmittelbar mit dem Küstenabbruch nichts zu tun.

Das Beobachtungsjahr 1949 versetzt uns in die begrüßenswerte Lage, die Situation der Schwermineralseifen mit den geologischen Äußerungen einer Sturmflut in unmittelbare Beziehung setzen zu können; denn nach den obigen Ausführungen (S. 3) steht am Anfang der diesjährigen Seifenperiode die Sturmflut vom 1. März, die den gesamten Strand so weitgehend umgeschaffen hat, daß man füglich von einer Neugestaltung sprechen darf, auf der sich die Formung der Schwermineralseifen vollziehen konnte.

Nach eigenen Beobachtungen und den Mitteilungen von REINHARDT (1949) erscheinen folgende Tatsachen bedeutsam:

Gelegentlich der Sturmflut vom 1. März 1949, bei der der Wasserspiegel am Pegel Warnemünde auf 128 cm üb. MW stieg, sind im Beobachtungsgebiet folgende Punkte und Strecken in Mitleidenschaft gezogen worden: Starke, nischenförmige Abrutsche an der Geschiebemergelstrecke von Nienhagen, desgleichen der Stoltera, wo anläßlich der Sturmfluten 1913 u. f. bis 1949 rund 7 m von dem 16 m hohen Diluvialkliff verloren gegangen sind. Westlich von Warnemünde wurden die Vordünen und Teile der Hauptdüne fortgespült. Vor der Stoltera haben sich mehrfach kleine Geröllstrandwälle in 0,5 m üb. MW gebildet. Die Schäden im Hafengebiet von Warnemünde waren verhältnismäßig geringfügig. Das Dünengelände östlich von Warnemünde wurde stark in Mitleidenschaft gezogen; stellenweise sollen die Dünen bis zu 17 m Tiefe abgeräumt worden sein. Das Hinterland wurde an einzelnen Stellen überflutet, so unmittelbar östlich der Ostmole, wo die Dünen besonders niedrig sind. Die Landzunge zwischen Rostocker Heide und Fischland hat einen Teil ihres Dünenwalles eingebüßt, während der Deich hielt. Am Fischlandkliff wurden Vorsprünge von 6 m Tiefe fortgenommen. Die Niederung der Vordarß wurde weitgehend überstaut, am Strand des eigentlichen Darß sind an den Dünenkliffs erhebliche Verluste eingetreten, die bei den Rehbergen im Gegensatz zu der oben gemachten Mitteilung (S. 57) auf 15 m beziffert werden. Am Darßer Ort selbst sind keine Veränderungen eingetreten, abgesehen von den Formwandlungen, welche die Spitze bei jedem Hochwasser erfährt. Wohl aber sind an den Dünen des Anlandungs-, d. h. Zuwachsstrandes der westlichen Prerowbucht bedeutende Verluste zu verzeichnen gewesen. Einer vom Wasserwirtschaftsamt Stralsund, Abt. Küstenschutz (Rostock), freundlichst zur Verfügung gestellten Schadensliste ist über diese Angaben hinaus noch zu entnehmen, daß die Vordüne östlich von Warnemünde auf etwa 400 m Länge zerstört worden, daß auch die Küste zwischen Graal und Dierhagen erheblich abgebrochen und daß auf der Landzunge zwischen Rostocker Heide und Fischland ein Dünenkliff von 4 m Höhe entstanden ist. Der Verlust an den Rehbergen wird in dieser Aufstellung wieder mit 10 m beziffert. Diese Angaben lassen den tatsächlichen Umfang der Landeinbuße, wie eigene Beobachtungen gezeigt haben, nicht voll erkennen. Immerhin sind die wirklich namhaften Schadensstellen und damit die am meisten gefährdeten Küstenstrecken erfaßt. Es ergibt sich in keinem Fall die Notwendigkeit, das von der Küste und ihrer Dynamik entworfene Bild irgendwie abzuändern. Die Wirkungen der Märzsturmflut sind durchaus und bis in Einzelheiten — abgesehen von der Größenordnung — denen des ersten Herbsthochwassers 1949 vergleichbar, wie sie auf S. 35ff. geschildert wurden. Lediglich die Beschädigungen der Diluvialstrecken gehen darüber hinaus — eine Erscheinung, die angesichts der Jahreszeit, in der die Sturmflut erfolgte, nicht überraschen kann, im übrigen aber für die hier behandelten Fragen ohne Belang ist.

Hinsichtlich der Stranddrift (Küstenversetzung), welche die Materialwanderung längs der Strandlinie trägt, und somit auch hinsichtlich der allgemeinen Bilanz der Materialwanderung selbst sind wir weitgehend auf Vermutungen angewiesen, da noch nicht abzusehen ist, wie weit gelegentliche Beobachtungen verallgemeinert werden dürfen.

Da Winde aus dem westlichen Teil der Windrose während des Jahres überwiegen — im Winter von SW, im Sommer von NW —, resultiert zweifellos ein im wesentlichen nach Osten gerichteter Materialtransport. Voraussetzung ist dafür selbstverständlich, daß die Richtung der Küste eine Ostbewegung zuläßt. Das ist im engeren Arbeitsbereich der Fall. Auch sprechen hier Beobachtungen zu allen Jahreszeiten für das eindeutige Überwiegen östlichen Transportes. An Küstenstrecken hingegen, die in etwa Süd—Nord verlaufen, werden geringfügig erscheinende Formelemente im Küstengrundriß bedeutsam, ebenso geringe Richtungsschwankungen und -unterschiede: So ist die bevorzugte Bewegungsrichtung am Westrand des Darß nach Norden gerichtet. Ein Blick auf Fig. 18 vermag davon zu überzeugen und das außergewöhnliche Maß der Ansandung am Darßer Ort beweist es, ebenso die von Süden nach Norden zunehmenden Verlustziffern am Westrand des Darß.

Es liegt nahe, zu erwarten, daß die von der Stoltera und von Warnemünde vorherrschend nach Osten gerichtete Sandbewegung unbeeinflußt von den Richtungsänderungen östlich von Warnemünde, am Rosenort und wieder bei Neuhaus am Fischland vorbeistreichen und in die Nordbewegung am Daß einmünden wird. Dem ist aber anscheinend nicht so. Vielmehr bleibt der Sandtransport zwar im Endeffekt bis über Rosenort hinaus und bis in die Gegend von Neuhaus östlich (nordöstlich) gerichtet; hier aber erfolgt, bewiesen oder zum wenigsten nahegelegt durch die reiche Ansandung bei Neuhaus, Ablagerung des Driftgutes, d. h. die östliche Tendenz wird offensichtlich gestoppt. Ob dies generell und ständig geschieht, läßt sich vorerst nicht sagen. Mindestens muß es in einem Ausmaße geschehen, daß effektiv mehr abgelagert als weiter befördert wird. Gewisse Anzeichen deuten darauf hin, daß vor dem unscheinbaren Vorsprung im Küstenverlauf bei Ahrenshoop der Punkt liegt, an dem die Stranddrift einerseits nach Norden, zum Darßer Ort hin, strebt, andererseits nach Süden, in Richtung auf Neuhaus, gelenkt wird. Die Anordnung der Geröllsedimentation zwischen den Buhnen des Fischlandes deutet häufig auf nach Süden gerichtete Materialbewegung hin. Es wäre noch zu prüfen, während welcher Wetterlagen bzw. Jahreszeiten diese Richtung eingehalten wird, und wann etwa auch hier das Strandgut nach Norden wandert. Vermutungsweise soll hier angenommen werden, daß südlich von Ahrenshoop mehr Material nach Süden geführt wird als nach Norden, während nördlich des Ortes die Verhältnisse umgekehrt liegen dürften.

Bei Neuhaus würde die von Norden kommende Stranddrift der von Südwesten (Warnemünde—Rosenort) die Küste entlangstreichenden begegnen. Damit würde die hier, im innersten Winkel der Großbucht III, vor sich gehende, lebhafte Ansandung erklärt sein.

In welchen Richtungen die Küstenversetzung und damit die Sandwanderung auch im Effekt verlaufen mag, in jedem Fall stehen die für die Herleitung des Seifengutes erforderlichen Diluvialkliffs zur Verfügung.

c) Ergebnisse zur räumlichen Bedingtheit der mecklenburgischen Küstenstreifen

So wenig eindeutig und befriedigend auch die Frage nach der Abhängigkeit der Seifenbildung von Küstenform, -beschaffenheit und -dynamik bisher beantwortet werden kann, so dürfen doch folgende Ergebnisse festgehalten werden:

Im Untersuchungsbereich — nur von diesem ist hier die Rede — sind die Schwermineralseifen, soweit sie diesen Namen verdienen, an Buchten (Großbuchten) gebunden. Je tiefer diese flachen Buchten in das Land eingreifen, desto günstiger scheinen die Voraussetzungen für die Bildung von Seifen zu sein. Ob diese Erfahrung auf Buchten, die tiefer als um die hier im Höchstfall ermittelten 3600 m einschneiden, angewendet werden darf, ist nicht bekannt.

Innerhalb der Großbuchten sind die Scheitelbereiche (die innnersten Winkel) bevorzugte Bildungsorte für Schwermineralseifen; nächst ihnen die angrenzenden Flanken, wobei die Leeflanken (West- bzw. Südflanken) wiederum reicher sind als die Luvflanken, die u. U. frei von Schwermineral-Anreicherungen sein können.

Frei von nennenswerten Seifen sind außerdem die Geröllstrände der Diluvialkliffs, sowie Strandstrecken mit überwiegender Ansandung.

Da die Küstenzerstörungen nicht, wie die Errechnung von Jahresdurchschnitten vortäuschen könnte, stets erfolgen, sondern aperiodisch und zwar oft genug in großen zeitlichen Abständen durch Sturmfluten und Hochwässer bewirkt werden, stehen sie in keinem unmittelbaren ursächlichen Zusammenhang mit dem Auftreten von Seifen, außer soweit, als stark exponierte Küstenteile der Ansammlung von Schwermineralien nicht günstig sind. In der Tat scheint es, als ob die Mehrzahl unserer namhaften Seifen an Küstenstrecken mit geringen (bzw. keinen) „jährlichen" Verlusten liegen und daß das Ausmaß der Seifenbildung der Exponiertheit der betreffenden Strecke umgekehrt proportional sei (S. 56 f).

Für den Materialtransport längs der Küste und seine bevorzugte Richtung sind die zeitlich vorherrschenden Winde, die stetigen Wetterlagen verantwortlich, desgleichen für die Bildung von Strandwallseifen. Für den Umbau der ganzen Küste ebenso wie für den der Seifen, die ja nur ein untergeordneter Teil von jener sind, müssen hingegen die aperiodischen, „katastrophischen" Faktoren verantwortlich gemacht werden. Da diese aber von der Konfiguration, der Beschaffenheit und der normalen Dynamik der Küste weitgehend unabhängig sind, weniger abhängig jedenfalls als die stetig wirkenden Wetterfaktoren und die sich aus ihnen entwickelnden geologisch tätigen Äußerungen der See, folgt, daß Seifen nach jeder Zerstörung, sei sie künstlich oder natürlich, immer wieder in den gleichen Bereichen entstehen.

III. SEIFEN ALS LAGERSTÄTTEN

a) Möglichkeiten der künstlichen Veredlung der litoralen Schwermineralseifen

(hierzu Tafeln XVII—XIX)

Ob und wie weit es möglich ist, die natürlichen Lagerstätten künstlich anzureichern, zu veredeln, sie nach Umfang und Reinheitsgrad zu verbessern, läßt sich wenigstens grundsätzlich an Hand einiger Beobachtungen folgern:

Am Westbeginn der anfangs so genannten „Lagerstätte II" östlich von Warnemünde, unweit der auf dem Meßtischblatt Warnemünde verzeichneten „Hohen Düne" bei Kilometer 0,9—1,0 (Fig. 1), stand bis in die Beobachtungszeit hinein ein dichtgeschlossener Bretterzaun. Dieser Zaun, der von der Landstraße durch das Dünengelände rechtwinklig zum Strand und über diesen hinweg bis an die MW-Strandlinie verlief, ist im Dezember 1949 abgebrochen worden. In Lee dieses Zaunes war die Strandwallseife deutlich reicher an Schwermineralien als in einiger Entfernung von demselben. Außerdem aber hatte hinter, d. h. östlich von dem Bretterzaun ein Stacheldrahtzaun gestanden, der vom seeseitigen Ende des Bretterzaunes an schräg über den Strandwall und den Strand bis zur Düne verlief, also südöstliche Richtung hatte. Die den Draht tragenden Pfähle waren zur Zeit der Beobachtung bereits bis auf die im Boden steckenden Teile abgebrochen, so daß der Stacheldraht, seines Haltes beraubt, nunmehr dem Strandwall und dem übrigen Strande auflag. In dem auf dem Sand liegenden Drahtgewirr, das noch die Richtung des ursprünglichen Zaunes einhielt, hatte sich Strandgut, insbesondere aus Tang und Seegras bestehend, verfangen. Da dieses Strandgut, vom Stacheldraht gehalten, seinen Platz beibehielt, bildete es für den die Schwermineralkörner transportierenden Wind in dauerndes Hindernis. Die Folge war, daß das windgetragene Schwergut vor dem Hindernis liegen blieb, solange der Wind nicht besondere Stärke erreichte. Das aber war erst nach Ablauf des Frühherbstes der Fall. Die Situation des Hindernisses ergibt sich aus Textfigur 19, sowie aus den Abbildungen XVII 1, XVIII. 1 u. 2.

Die laufende Überwachung dieser Stelle besonders kräftiger Anreicherung und Konzentration der Seife ließ folgende Entwicklung erkennen: Zu Beginn der Beobachtung, d. h. gegen Ende Oktober, und bis in den Dezember hinein, erschien der spitze Winkel zwischen Stacheldraht und Strandwallkante auffallend dunkelrot (Abb. XVII, 1). Je weiter sich der Draht von der Strandwallkante entfernte, desto lichter wurde die Färbung, blieb aber immer noch dunkler als auf den übrigen Teilen der Lagerstätte. Das Hindernis grenzte die besonders schwermineralreiche Fläche scharf gegen den dahinter liegenden, nahezu schwermineralfreien Strandsand ab. Der

Aufbau der Lagerstätte ergibt sich nach Schichtung und Maßen aus Abb. XVII, 2 u. XVIII, 3. Das Profil ist nicht nur mächtiger, sondern auch schichtenreicher, ärmer an tauben Mitteln und innerhalb der Schwersandlagen ärmer an Quarz als alle übrigen, um die gleiche Zeit freigelegten Schürfe im gesamten Beobachtungsbereich. Offensichtlich hat somit das Drahthindernis, das zudem die Wirkung der Leelage hinter dem Bretterzaun unterstützt, eine ungewöhnliche Vermehrung und Veredlung der Strandwallseife im Gefolge gehabt.

Eine am 18. November 1949 entnommene Probe aus der Deckschicht der „künstlichen Anreicherung" (Abb. XVII, 2) enthält nach den Feststellungen von

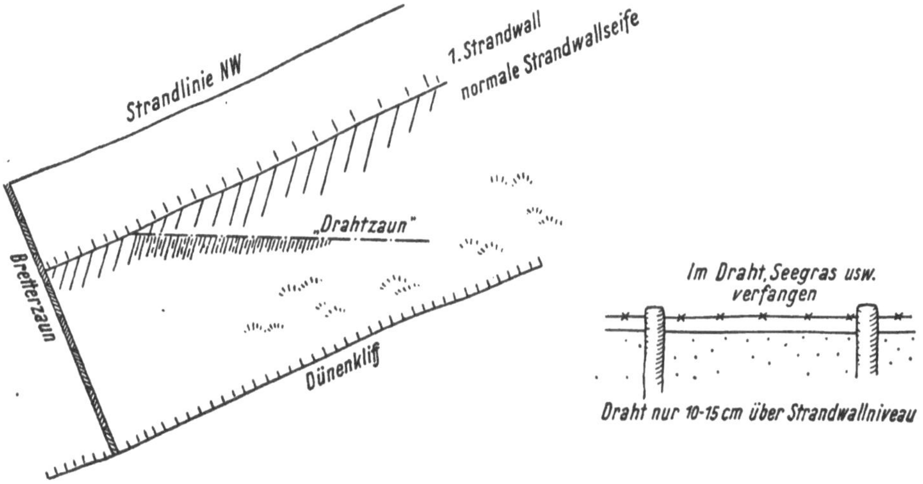

Fig. 19. Situation der künstlichen Anreicherung der Strandwällseife Lagerstätte II bei km 0,95 östlich von Warnemünde und der gegenwärtige Zustand des Stacheldrahtzaunes (vgl. Text und Abb. XVII—XIX)

Fräulein ENZENROSS 48,3% Erzkörner, 41,2% Granat und nur 3,9% Quarz, der Rest von 6,7% entfällt auf „Sonstige", meist Schwermineralien. Insgesamt machen also die Schwermineralien rund 96% der Körnerzahl des Sandes der Deckschicht aus. Höhere Konzentrationsgrade dürften in der Natur kaum vorkommen.

Die zwischen 0,12 und 0,25 mm Korndurchmesser liegende „Hauptfraktion" ist zu 86 Gewichtsprozent am Gesamtsand beteiligt und enthält 48,6% Erze und 41,4% Granat neben 2,5% Quarz. Die Nebenfraktion 0,25—0,49 mm ist mit 13,0 Gewichtsprozenten beteiligt, der Rest von 0,9% entfällt zu einem Drittel auf die nächstgröbere Siebfraktion, zu zwei Dritteln auf die Korngröße zwischen 0,06 und 0,12 mm ⌀ (Probe 24).

Anläßlich des hohen Wasserstandes am 28. November 1949 (S. 43) wurde auch dieser Teil der Lagerstätte überstaut, so daß sich ein neues Bild ergab. Am 5. Dezember zeigte sich, daß mit dem Strandwall auch die Anreicherung oberflächlich verschwunden war. Vor und hinter dem Stacheldraht lag der gleiche helle Strandsand. Nachgraben ergab, daß unter einer 15—20 cm starken Decke von taubem Sand ein Teil des Profils erhalten geblieben war (Abb. XIX, 3). Durch den hohen Wasserstand ist demnach nur ein Teil des Profiles fortgenommen — ebenso wie auch der Strandwall noch in Andeutung zu erkennen ist —, der verbleibende Rest danach (durch Wasser oder Wind?) mit Sand bedeckt worden. Da an windigen Tagen die Einsandung von kleinen Schürfen außerordentlich schnell erfolgt, dürfte die Sandbedeckung wahrscheinlich äolisch vor sich gegangen sein. Diese Sanddecke ist in der Lage, den Rest der Lagerstätte gegen „normalen" Hochwasserabtrag zu schützen und z. T. bis in das nächste Jahr hinüberzuretten.

Sonstige Beobachtungen, die auf die Möglichkeit künstlicher Anreicherung und Veredlung der Seifen hinweisen, wurden mehrfach mitgeteilt. Es sind dies in erster Linie: die am Strande westlich von Warnemünde im Herbst 1949 errichteten Flechtzäune von der Wasserlinie bis zur Vordüne, die gegenseitige Abstände von rund 33 m haben, bewirken, daß in dem Raum zwischen jeweils zwei Zäunen mehr von dem durch Hochwasser und Wind zur Düne verlagerten Schwermaterial erhalten bleibt als außerhalb der Flechtwerkgruppe. Relative Anreicherungen von Schwersand fanden sich in den Zeiten vorherrschenden Windtransportes, also vor dem ersten Hochwasser des Herbstes, in Lee von kleinen, durchlässigen Hindernissen, insbesondere von Grasbüscheln, doch auch in einspringenden Winkeln der Dünenfront.

Alle derartigen Hindernisse werden natürlich vor der Gewalt des Hochwasserangriffs wirkungslos. Wohl aber wird bei Hochwasser Schwersand in Brandungslee von „gewichtigeren" Hindernissen angehäuft, so hinter Betonklötzen, die von der Sprengung der Strandbatterien usw. übriggeblieben sind, so auch hinter Vorsprüngen der Vordüne.

Wirkungslos sind die für die Sicherung der Dünen geschaffenen Strandhaferanpflanzungen u. dgl., d. h. wirkungslos im Hinblick auf die Bildung von Seifen. Denn diese Windhindernisse sind darauf berechnet, in erster Linie den leichten Quarzsand festzuhalten. Ein Hindernis aber, das die Bildung von Seifen fördern soll, muß so beschaffen sein, daß es zwar die schweren Körner festhält, die leichten jedoch durchläßt oder — mit anderen Worten — die Kraft des tragenden, rollenden, schiebenden Windes nur soweit abschwächt, daß er gezwungen ist, allein die Schwermineralien liegen zu lassen.

Die Hindernisse, die der Bereicherung der Seifen dienen sollen, dürfen demnach nicht die Wirkung der üblichen Dünenanpflanzungen haben. Andererseits dürfen sie auch nicht zu licht sein. Denn ihre räumliche Auswirkung ist recht beschränkt, wie es beispielsweise das Hindernis bei der Hohen Düne zeigt (Abb. XVII, 1).

Auch muß unterschieden werden zwischen Maßnahmen, die der Vermehrung der Lagerstätte bzw. der Erzeugung von solchen dienen sollen, und Maßnahmen zur Konzentrierung vorhandener Seifen. Im ersteren Fall müssen Hindernisse geschaffen werden, die in ihrer Wirkung dem genannten Bretterzaun an der Hohen Düne oder den Flechtzäunen westlich von Warnemünde ähneln, also rechtwinklig zum Strand verlaufende Windbrecher, in deren Lee sich ein stiller Winkel bildet. Über Höhe, Abstand, Ausführung solcher Anlagen kann vorerst nichts Bindendes ausgesagt werden. Doch erlauben die vorliegenden Beobachtungen den Schluß, daß niedrige, durchlässige „Zäune" in geringen Abständen voneinander wirkungsvoller sein dürfen, als höhere, undurchlässige Zäune in größeren Abständen.

Soll hingegen die Veredlung vorhandener Strandwallseifen erreicht werden, also verstärkte Anreicherung der Schwermineralkörner auf Kosten des Quarzanteiles, so wird der „Stacheldrahtzaun" bei der Hohen Düne zum Vorbild genommen werden müssen. Es dürfte genügen, zwei lose dem Sand aufliegende Stacheldrähte in der Längsrichtung des Strandes zu verlegen und nur in großen Abständen durch Befestigung an niedrigen Pflöcken zu halten. Das sich an diesen Drähten verfangende Strandgut verstärkt die Wirkung des Hindernisses automatisch. Mehrere solcher Drahthindernisse, hintereinander in der Längserstreckung des Strandwalles angeordnet, dürften die Wirkung beträchtlich erhöhen.

Maßnahmen zur Neubildung bzw. Vermehrung von Lagerstätten auf der einen Seite, zur Veredlung von Seifen auf der anderen müssen, wenn sie die beabsichtigte Wirkung voll entfalten sollen, vor Beginn der sommerlichen Anreicherungsperiode fertiggestellt sein, d. h. spätestens im Mai, besser noch bereits in der ersten Aprilhälfte.

Ob eine Kombination von Vergrößerungs- und Veredlungsanlagen Erfolg verspricht, müssen weitere Beobachtungen und Versuche zeigen.

b) Zur Wirtschaftsgeschichte der mecklenburgischen Schwermineralseifen

Zur Wirtschaftsgeschichte der Schwermineralseifen an der mecklenburgischen Küste liegt eine Untersuchung von WASMUND (1939) vor, so daß wir uns kurz fassen können. WASMUND schildert in der Hauptsache die Bedeutung der Schwermineralseifen für das Sensenstreichergewerbe und damit für die quantitativ und wirtschaftlich bedeutungsvollste Verwertung. Dazu und darüber hinaus können im folgenden einige Ergänzungen gegeben werden.

Daß man sich schon im 18. Jahrhundert — frühere Mitteilungen liegen offenbar nicht vor — um die Verwertung des Schwersandes bemüht hat, erwähnt TETENS 1764. Damals hatte man die magnetischen Eigenschaften des Sandes entdeckt. TETENS leitet auf Grund umfassender Versuche und Darlegungen ab, daß der magnetisierbare Anteil des Warnemünder Schwersandes Eisen sein müsse. Die Versuche seiner Zeit, das Eisen nutzbar zu machen, sind gescheitert. Der zu Beginn des 19. Jahrhunderts durch MÄHL erfolgte Nachweis von Titanverbindungen (s. oben S. 15) blieb ohne wirtschaftliche Folgen. Wohl aber machte sich die Industrie im vorigen Jahrhundert die bedeutende Härte der Hauptbestandteile des Schwersandes, insbesondere des quantitativ vorherrschenden Granates, zunutze: BOLL berichtet 1861, daß Titaneisensand gesammelt wurde und in der Großherzoglichen Schleifmühle in Schwerin Verwendung fand. So wurden im Jahre 7000 Pfund gewonnen. Allerdings handelt es sich hierbei nicht um litoralen Schwersand, sondern um limnischen vom Ostufer des Goldberger Sees, der jedoch nach allem weitgehende Ähnlichkeit mit dem Warnemünder Sand gehabt haben dürfte. Denn TETENS, der einen Schwersand von einem anderen mecklenburgischen Binnensee beschreibt, betont ausdrücklich, daß er dem Warnemünder Sand in jeder Hinsicht gleiche. Über die Eignung des heimischen Schwersandes zum Schleifen und Polieren von kristallinen Gesteinen erfährt man Lobendes in einigen Äußerungen von GOETHE. Übrigens ist es keineswegs ausgeschlossen, daß in der genannten Steinschleiferei auch Schwersand vom mecklenburgischen Strand verwendet worden ist, da kaum anzunehmen ist, daß die relativ geringfügigen Vorkommen an den Binnenseen ausgereicht haben, den immerhin beträchtlichen Bedarf auf die Dauer zu decken. Auch spricht die spätere Verwendung des litoralen Schwersandes für die Herstellung von Sensenstreichern dafür, daß die Kenntnis von dem Schleifvermögen des Strandsandes vorhanden gewesen ist und sich bis zur Aufnahme dieses Gewerbes erhalten hat.

Ursprünglich hatte man zu Sensenstreichern in ganz Norddeutschland gewöhnlichen Diluvialsand verwendet, wobei man nur auf möglichst gleichmäßiges Korn bedacht war. Der Sand wurde mittels Teer an die den Sensenstreicher bildende Holzleiste gebunden. Um 1850 — also zu einer Zeit, als die Arbeit von BOLL, die von der Verwertung des Schwersandes berichtet, noch nicht erschienen war, — begann eine Stralsunder Firma mit der Verbesserung der primitiven Geräte, indem sie statt des Teeres als Bindemittel Leinölfirnis verwendete, an Stelle des Diluvialsandes aber Granatsand von der Küste und zudem durch Zusatz von Blei- und Zinkfarben das Produkt nicht nur ansehnlicher gestaltete, sondern es auch haltbarer machte. Die Folge war ein erheblicher Absatz im In- und Ausland, der auf Kosten der einfachen, weniger schönen und weniger dauerhaften Teerstreicher ging. Die Verdichtung des Eisenbahnverkehrs, die Intensivierung des Überseeexportes, das Fehlen von Mähmaschinen, an deren Stelle Handmäher (Sachsengänger, Mäherkolonnen) in großer Zahl und in der ganzen Welt tätig waren, ferner geschickte Anpassung an den Geschmack und die Gewohnheiten der ausländischen Abnehmer führten dazu, daß die genannte Firma um 1900 rund 150 Arbeiter beschäftigen konnte und jährlich viele

Millionen Sensenstreicher absetzte. Das Baltikum, Finnland, Holland, Skandinavien, Australien scheinen die Hauptabsatzgebiete gewesen zu sein.

Der erforderliche Granatsand wurde von Usedom, Ruden, Westdarß und Fischland bezogen, mehr und mehr jedoch und zum Schluß ausschließlich aus dem Gebiet von Warnemünde zwischen Stoltera und Markgrafenheide, sowie von der Insel Usedom, auf der beträchtliche Lagerstätten vorhanden sind. Noch für 1937 veranschlagt WASMUND den jährlichen Verbrauch von Schwersand auf 50—100 t, die jährliche Produktion an Sensenstreichern auf rund 1,5 Millionen Stück, wovon allerdings nur etwa die Hälfte noch mit Schwersand beschickt wird; denn seit Beginn dieses Jahrhunderts hatten sich weitere Produktionsstätten etabliert, die z. T. weit im Binnenland (Bützow) lagen, z. T. wohl auch zu kapitalschwach waren, um sich Strandsand beschaffen zu können, so die in einigen Dörfern ostwärts von Rostock arbeitende Heim- und Familienindustrie. WASMUND veranschlagt den Urwert des Ausgangsmateriales auf 1000—2000 DM, den Wert des Fertigproduktes auf 300000 DM jährlich. Die Tonne Schwersand wurde dem Lieferanten im Durchschnitt mit 20 DM bezahlt. Lieferanten waren einzelne Fischer, die sich durch die Werbung von Schwersand einen Winterverdienst schafften. Der Schwersand wurde meist von Frauen und Kindern am Strande mit Brettern zusammengekratzt, blieb einige Zeit zum Trocknen in Haufen liegen, wurde dann in Säcke verpackt und in Boote verladen, die ihn nach Stralsund brachten. Übrigens wurde in Stralsund zeitweise auch Schwersand von Rügenwaldermünde in Ostpommern verarbeitet.

Daneben wurde der Schwersand, ebenso wie tauber Strandsand, zum Bestreuen von Gartenwegen und Stubenböden verwendet und zu diesem Zweck in erheblichem Umfange von Warnemünde auf dem Wasserwege nach Rostock geschafft. Schließlich diente er bis in die Zeit nach dem ersten Weltkrieg auch als Streusand an Stelle von Löschpapier.

Schriftenverzeichnis

BARNEWITZ, FR.: Geschichte des Hafenorts Warnemünde. — Rostock 1925.

BOLL, E.: Abriß der mecklenburgischen Landeskunde. — Wismar und Ludwigslust 1861.

CARLÉ, WILH.: Der Stammbaum einer marinen Ilmenitseife an der Nordküste von Spanisch-Galizien. — Geol. d. Meere und Binnengewässer **7**, S. 87ff., Berlin 1944.

DAEBELER, H.: Der Fremdenverkehr der mecklenburgischen Ostseebäder in geographischer Betrachtung. — Diss. Rostock 1938.

DEECKE, W.: Geologie von Pommern. — Berlin 1907.

ENGELHARDT, W. von: Über die Schwermineralsande der Ostseeküste zwischen Warnemünde und Darßer Ort und ihre Bildung durch die Brandung. — Z. f. ang. Mineral. **1**, S. 30ff., 1937.

ENGELHARDT, W. von: Die Unterscheidung wasser- und windsortierter Sande auf Grund der Korngrößenverteilung ihrer leichten und schweren Gemengteile. — Chemie der Erde **12**, S. 445ff., Jena 1940.

FIEDLER, A.: Sedimentpetrographische Gliederung der Geschiebemergel Mecklenburgs. — Jb. Preuß. Geol. L.-A. **57**, S. 111ff., Berlin 1937.

GEIB, K. W.: Meeresgeologische Untersuchungen im Bereiche der ostpommerschen Küste von Stolpmünde bis zur ehemaligen deutsch-polnischen Grenze usw. — Geol. d. Meere usw. **7**, S. 1—39, Berlin 1944.

GEINITZ, E.: Der Landverlust der mecklenburgischen Küste. — Mitt. a. d. Meckl. Geol. Landesanst. **15**. Rostock 1903.

GEINITZ, E.: Die Einwirkung der Silvestersturmflut 1904 auf die meckl. Küste. — Ebendort **16** (1905).

GEINITZ, E.: Die Stolteraa bei Warnemünde. — Ebendort **19** (1907).

GEINITZ, E.: Das Uferprofil des Fischlands. — Ebendort **21** (1910).

GEINITZ, E.: Die Sturmflut vom 31. Dezember 1913 in ihrer Einwirkung auf die mecklenburgische Küste. — Ebendort **27** (1914).

GOETHE, J. W. von: Schriften zur Naturwissenschaft **2**, Ausg. d. Deutsch. Akademie der Naturforscher (Leopoldina) zu Halle. — Weimar 1949.

GRANIGG, B.: Sekundäre und primäre Zirkonvorkommen in Europa und deren Gewinnungsmöglichkeiten. — Metall und Erz **41**, S. 169ff. und S. 193ff., (1944).

LAMCKE, K.: Natürliche Anreicherungen von Schwermineralien in Küstengebieten. — Geol. d. Meere usw. **1**, S. 106ff., Berlin 1937.

LEINZ, V.: Ein Versuch, Geschiebemergel nach dem Schwermineraliengehalt stratigraphisch zu gliedern. — Z. f. Geschiebeforschg. usw. **9**, S. 156ff., Berlin 1933.

MÄHL, G. P. S.: Chemische Untersuchung des Titaneisensandes von Warnemünde. — Einladungsschrift zur Feier des Weihnachtsfestes, Rostock 1828.

OTTO, THEOD.: Der Darß und Zingst. — Geogr. Ges. Greifswald **13**, Greifswald 1913.

REINHARD, H.: Die Sturmflut am 1. und 2. März 1949 an der mecklenburgischen Ostseeküste. — Z. f. Meteorol. **3**, S. 209ff., Berlin 1949.

SINDOWSKI, K.-H.: Korngrößen- und Schwermineralverteilung in rezenten Strandsedimenten der mecklenburgischen Ostseeküste. — Zentralbl. f. Min. usw. Abt. A, S. 136ff. und 161ff., Stuttgart 1938.

SONNTAG: Geologie von Westpreußen. — Berlin 1919.

TETENS, I. M.: Von dem mecklenburgischen magnetischen Sande. — Gelehrte Beyträge zu den Meckl.-Schwerinschen Nachrichten **42**. Stück, 20. Oktober 1764, Schwerin 1764.

TRUSHEIM F.: Eine Titaneisenerz-Seife von Wangeroog. — Senckenbergiana **17**, S. 62ff., Frankfurt a. M. 1935.

VOELCKER, ILSE: Schwermineraluntersuchungen der Sande der Düne von Helgoland. — Geol. d. Meere usw. **1**, S. 5ff., Berlin 1937.

WASMUND, ERICH: Die Schwerminerallagerstätten der deutschen Küsten. — Geol. Rdsch. **29**, S. 287ff., Stuttgart 1938.

WASMUND, ERICH: Verwendung von Granatsand der deutschen Ostseeküste für Sensenschärfer. — Geol. d. Meere usw. **3**, S. 201ff., Berlin 1939.

WEYL, R.: Marine Erz-Granatseifen der schleswig-holsteinschen Küsten und ihre Regelmäßigkeiten in der Korngrößen- und Mineralverteilung. — Z. f. Geschiebeforschg. usw. **13**, S. 63ff., Berlin 1937.

WIRTZ, D.: Die Beziehungen zwischen submariner Abtragung und Sandwanderung an der Küste Pommerns. — Mitt. a. d. Geol. Staatsinstitut in Hamburg, H. **18**, Hamburg 1946.

ZANDER, R.: Die rezenten Änderungen der mecklenburgischen Küste. — Beih. z. d. Mitt. d. Geogr. Ges. zu Rostock **1**, Rostock 1934.

DER BILDUNGSRAUM

Die Nehrung des Breitling östlich von Warnemünde bis zum Beginn der Rostocker Heide (Wald im Hintergrund). Hier liegen die Strandwall- und Vordünenseifen I, II und „Große Moorwiese". Im Mittelgrund die Ostmole des Hafens Warnemünde (Blick vom Leuchtturm Warnemünde nach Osten)

Die Steilküste der Stoltera westlich von Warnemünde (nach Westen)

TAFEL II

HERKUNFT DER SCHWERMINERALIEN

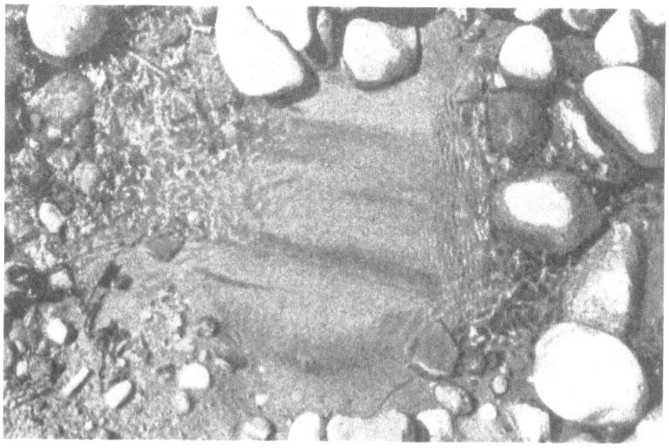

Quellwasser sondert die Schwermineralien von den leichteren Bestandteilen des Kliffdiluviums. Breite der Schwermineralstreifen 3—5 cm. (Aufnahme vor dem Kliff westlich von Nienhagen bzw. östlich der Stoltera)

DER ANLANDUNGSVORGANG

Auflaufende See („Schwall")

Ablaufende See („Soog")

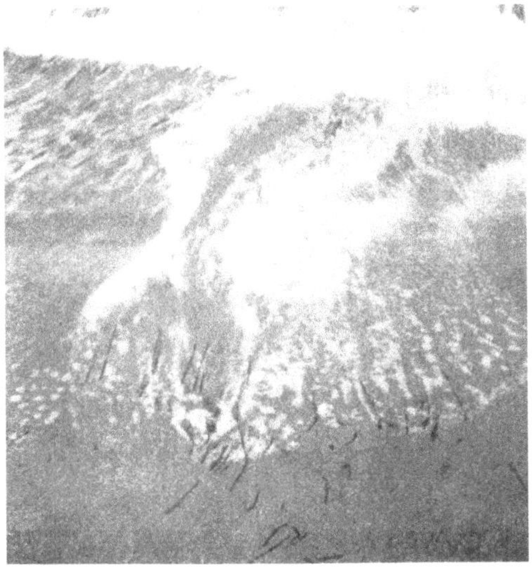

Schwall und Soog begegnen sich — der Soog unterläuft die auflaufende Welle

TAFEL IV

DAS ERGEBNIS DES ANLANDUNGSVORGANGES

Ein hauchdünner Spülsaum von dunklen Schwermineralien auf dem gleichzeitig entstehenden Strandwall

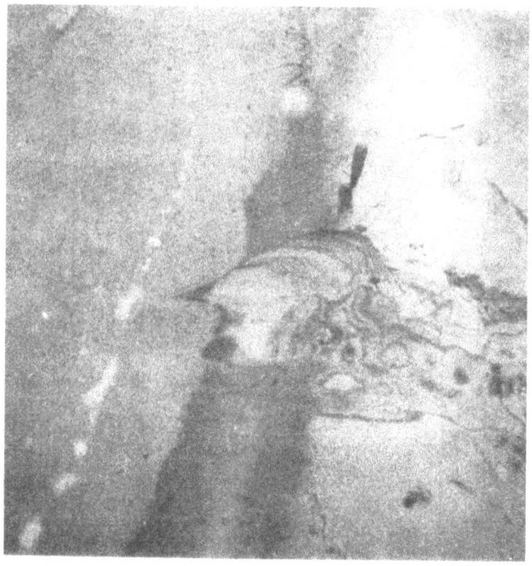

Die Spülsäume summieren sich innerhalb weniger Tage oder auch Stunden zur profilierten „Strandwallseife“

STRANDWÄLLE UND SPÜLSÄUME

Die Anordnung der Spülsäume (Tang und Muscheln) bei sinkendem Ostseewasserstand spiegelt den Anlandungsvorgang wider

Spülsäume von Muscheln (rechts) und Tang (links), sowie Schwermineralschleier (Mitte) lassen die sondernde Wirkung des Seeschlages (= Schwall + Soog) erkennen

Beide Bilder geben den Anlandungsvorgang auf der Luvseite, das ist die seeseitige Böschung, des sog. 1. Strandwalles wieder

TAFEL VI

NORMALE STRANDWALLSEIFEN

Normale Strandwallseife im Spätsommer und Frühherbst — abgelagert und angereichert auf dem zu dieser Zeit inaktiven Strandwall oberhalb des MW-Standes der Ostsee (Lagerstätte I von O)

Rechts der jüngere, schwermineralfreie Strandwall, zwischen beiden Wällen eine Strandsenke mit eingespültem Strandgut

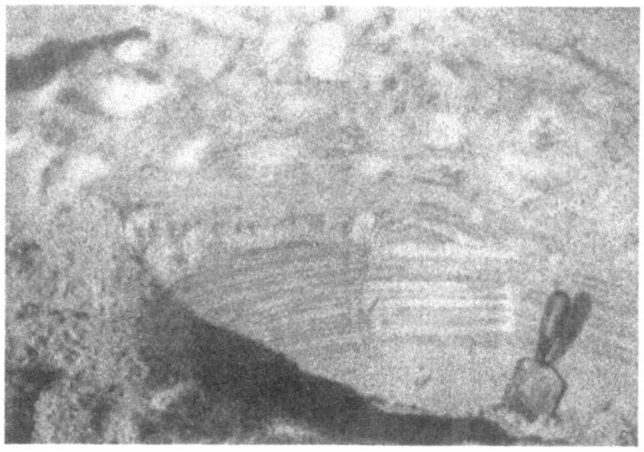

Im Profil der „normalen" spätsommerlichen Strandwallseife wechseln schwermineralführende mit tauben Lagen von Strandsand

(Maßstab: Spatenstiel 12 cm lang)

STRANDWALLSEIFEN IM HERBSTLICHEN ABBAU I.

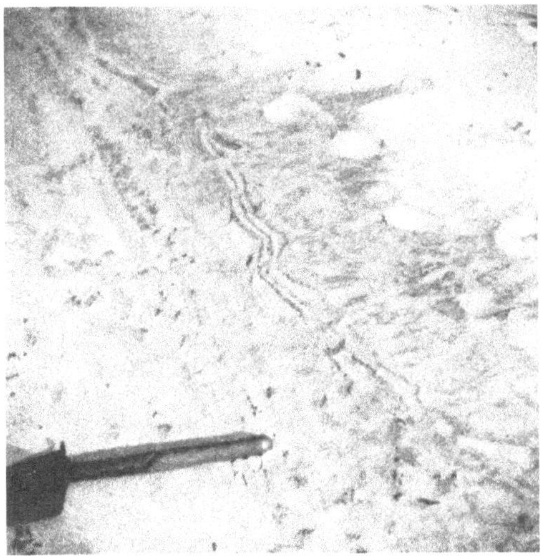

Längs- und Frontalansicht der in der Luvböschung des Strandwalles ausbeißenden Schwermineralagen. Der Fuß der Böschung auf dem rechten Bilde ist von Schwersand überrollt
(Maßstäbe: links Spatenstiel 35 cm, rechts Taschenbleistift 9 cm)

Hunderte von Metern weit, nur hier und da von Flugsand überweht, zeigt sich das gleiche Bild (Blick nach Osten, See links)

Vor der Luvböschung des Strandwalles (links) Schwermineralien in Windrippeln, rechts die flugsandbedeckte Leeböschung und die anschließende, mit Strandgut vollgespülte Strandsenke (rechts oben sichtbar)

Die Bilder dieser Seite sind am 11. 10. 1949, also nach dem ersten Herbststurm, jedoch vor dem ersten Hochwasser aufgenommen

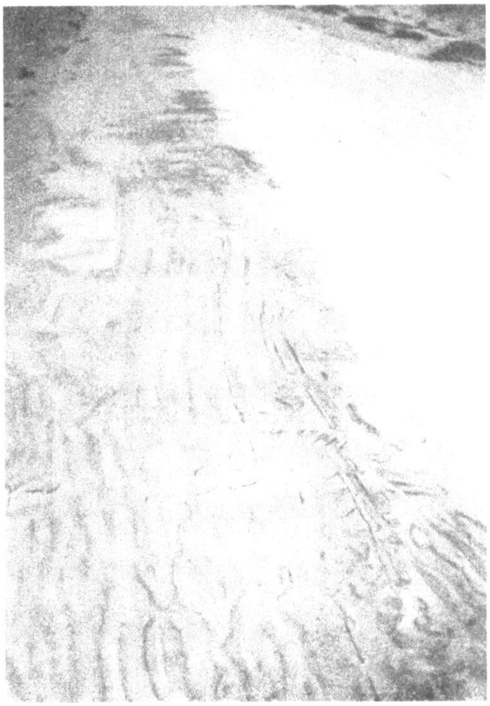

TAFEL VIII

STRANDWALLSEIFEN IM HERBSTLICHEN ABBAU II.

Das „Batik-Muster“ der vom Wind (links) und künstlich (rechts) freigelegten Deckschicht der Strandwallseife
Auf dem linken Bild werden vorn rechts die Ausbisse der Schwermnerallagen sichtbar
(Maßstab: Gesamtlänge des Spatens 28,5 cm, des Stieles 12 cm)

Das Profil der weitgehend abgetragenen Seife zeigt nur noch die geringmächtigen, liegenden Schwermineralschichten unter taubem Leichtsand. Rechts die Luvböschung des Strandwalles

STRANDWALLSEIFEN IM HERBSTLICHEN ABBAU III.

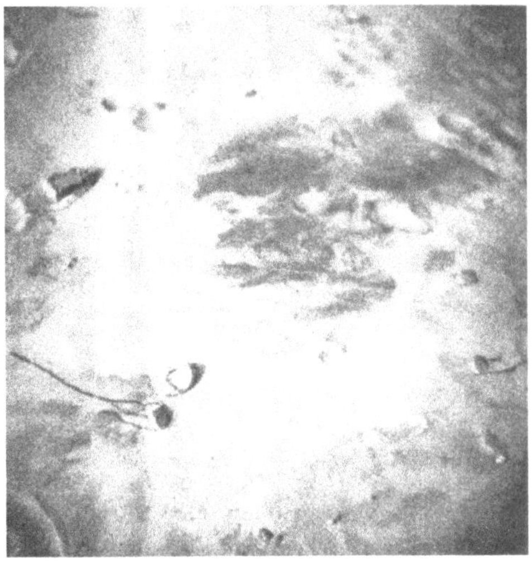

Durch überschlagendes Seewasser wird ein Teil des Seifengutes über die Leeböschung des Strandwalles in die anschließende Strandsenke gespült (linkes Bild). Die vorübergehende Wasserfüllung der Senke hat an der Leeseite des Walles ein Kliff — vorn rechts — erzeugt. Die See ist oben links eben noch sichtbar

Ein anderer Teil des Schwermateriales aber wird vom Soog über die Luvböschung in Richtung auf die See verlagert, die sich im Rücken des Beschauers befindet (rechtes Bild)

Bei anhaltend tiefem Wasserstand trocknet der Wind die Strandwallseife ab und verschleppt den Schwermineralsand in Windlee des Strandwalles, wo er ihn im Schatten von Grasbülten und anderen Hindernissen vorübergehend absetzt (Die See ist auf beiden Bildern oben zu denken — vgl. rechtes Bild!)

TAFEL X

STRANDWALLSEIFEN IM HERBSTLICHEN ABBAU IV.

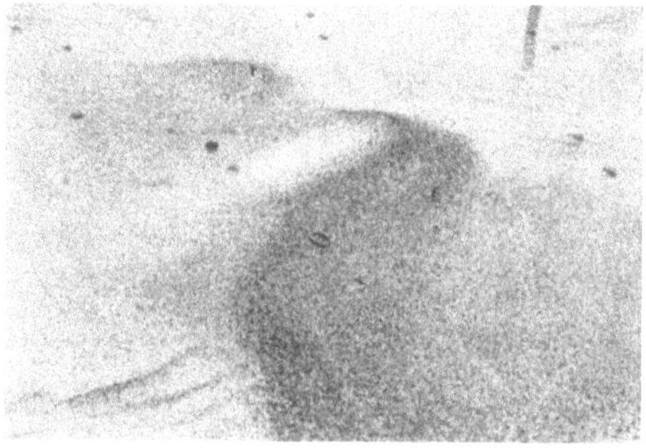

Aufbereitung durch Wind: Kleine Schwermineraldüne (Aufnahmen 1927. Das Schwermineralkorn ist hier gröber als in den mecklenburgischen Seifen) (Maßstab: Fingerring)

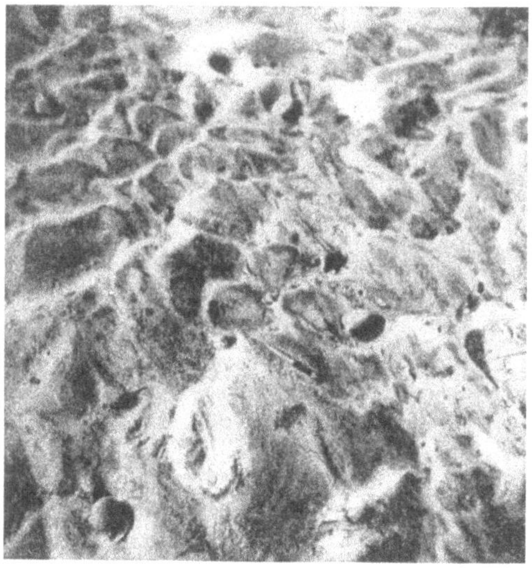

Aufbereitung durch Wind und Wasser: Hochwasserrippeln in der Senke landwärts des seifenführenden Walles. Der vom Wind in die Senke getragene Schwersand ist vom abfließenden Wasser auf der Leeseite der barchanförmigen Rippeln niedergelegt. Abfluß nach rechts unten. Der Bleistift (9,5 cm) liegt parallel zur Strandachse (vgl. Fig. 11, S. 37)

ERGEBNISSE DES HERBSTLICHEN ABBAUES VOR EINTRITT DES ERSTEN HOCHWASSERS I.

Der Strandwall ist weitgehend eingeebnet, das Seifengut fortgeführt. Das Batikmuster der Oberfläche und die Ausbisse der Schwermineralschichten sind freigelegt (Warnemünde-Ost, Anfang November 1949)

Auch vor der Stoltera (Warnemünde-West, 18 11. 1949) erscheint die vorher einheitliche Seife stark zerrissen, vom Winde verweht, der Strandwall weitgehend eingeebnet. Das Profil (links vom Handspaten) zeigt nur noch wenige Schwermineralschichten

TAFEL XII

ERGEBNISSE DES HERBSTLICHEN ABBAUES VOR EINTRITT DES ERSTEN HOCHWASSERS II.

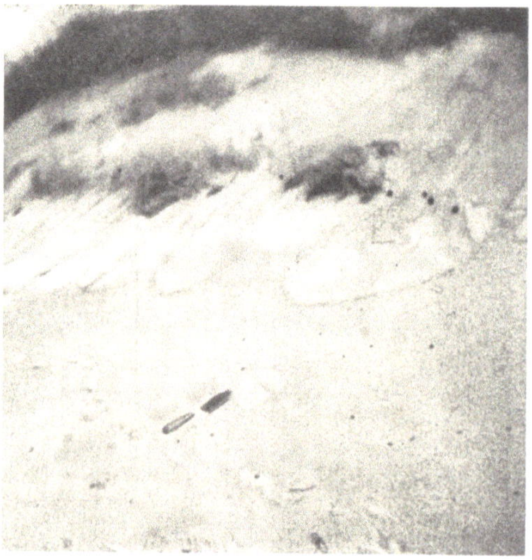

Vor und auf der Sandhalde, vor der seeseitigen Dünenböschung, ist der vom Strandwall herbeigewehte Schwersand flächig ausgebreitet, soweit er nicht auf die Düne hinaufgetragen ist und sich dort verteilt hat:

1. Der flachgeböschte Vordergrund ist flächig mit Schwersand bedeckt, die Gleitzungen von hellem Dünensand zeigen Ränder von gröberem Korn, nicht von Schwermineralien (Warnemünde-Ost, 2. 11. 1949)

2. Die grau erscheinende Fläche vor der Düne besteht aus einer dünnen Lage Schwersand auf Strand- und Flugsand (Aufnahme wie 1)

WIRKUNGEN DES ERSTEN HOCHWASSERS I.

Durch das erste herbstliche Hochwasser, das den Dünenfuß erreichte (am 28.11.1949) ist die seeseitige Strandhälfte tennenglatt planiert, der Strandwall beseitigt, das Schwermineralgut auf die landseitige Strandhälfte vor die Düne verlagert worden (Warnemünde-Ost nach Osten)

Der Schwermineralsand, der vor dem Hochwasser links des Feldbahngleises lag, befindet sich nunmehr ausnahmslos zwischen diesem und dem Dünenfuß (Warnemünde-Ost, Lagerstätte I, dicht östlich der Ostmole, nach Osten)

Der vom Hochwasser angespülte Schwersand wird alsbald durch den Wind gerippelt (Alle drei Aufnahmen am 5.12.1949, d h. eine Woche nach dem Hochwasser)

TAFEL XIV

WIRKUNGEN DES ERSTEN HOCHWASSERS II.

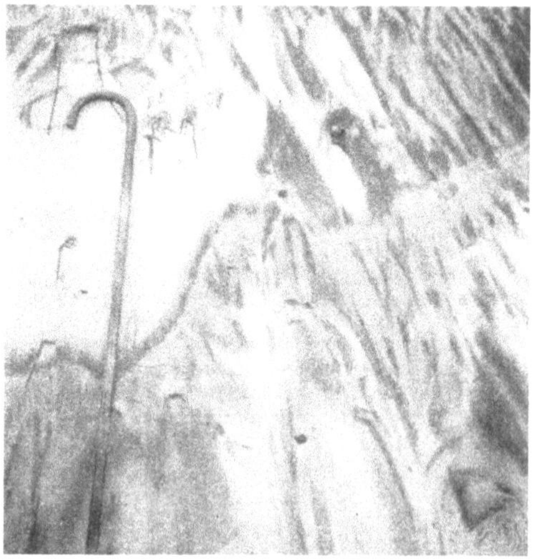

Durch das übertretende Seewasser ist das Schwergut der Strandwallseife über den Strandwall hinweg landwärts verlagert:
Links: Landseitiger Abfall des Strandwalles zur nächsten Senke, mit Schwermineralfließstreifen. Die See ist links zu denken
Rechts: Einzelheit aus dem vorigen Bild, senkrecht von oben
(Aufnahmen: Warnemünde-West, 15. 12. 1949)

Jetzt werden die Strandwälle und ihr Schwermineralinhalt nicht mehr nur von der Seeseite und von oben abgetragen, sondern auch von der Landseite: die landwärts des Walles befindliche Senke ist durch das Hochwasser vertieft und erweitert worden, so daß auf der Landseite des Walles ein Kliff entstand, in dem die Schwermineralausbisse bloßgelegt werden. Die Senke ist noch immer mit Wasser gefüllt (im Augenblick der Aufnahme noch gefroren), ihr Abfluß zur See ist im Hintergrund erkennbar
(Aufnahme: Warnemünde-West, zwischen Buhne 13 und 15, Blick nach Nordwest, 15. 12. 1949)

TAFEL XV

WIRKUNGEN DES ERSTEN HOCHWASSERS III.

Nahezu das gesamte Schwermineralgut ist durch das erste herbstliche Hochwasser bis an und auf die Vordüne verlagert worden:

1. In Lücken der aufgerissenen Vordüne verschwemmter Schwersand

2. Dasselbe wie vor. Neben dem Handspaten ist ein mehrschichtiges Profil freigelegt worden und eben noch zu erkennen

(Aufnahmen westlich von Warnemünde bei Buhne 4, 15. 12. 1949)

TAFEL XVI

WIRKUNGEN DES ERSTEN HOCHWASSERS IV.

Die Vordüne ist angeschnitten, das Schwermineralgut davor abgelagert. Wie auf dem rechten Bild gerade noch zu erkennen ist, enthält die Vordüne selbst bereits schwache Schwermineralschichten (Warnemünde-West, Buhne 13—14, am 15. 12. 1949)

Schwermineralseife in der Sandhalde der Vordüne und dieser selbst, wie sie durch Hochwasser entstehen, doch auch auf äolischem Wege gebildet werden kann (Vergleichsaufnahme Ostseeküste östlich der Oder, 1930. Maßstab: Hammer. Mächtigkeit der dunklen Lage 8—18 cm)

KÜNSTLICHE ANREICHERUNG VON SCHWERMINERALIEN I.

Gesamtsituation der künstlich bewirkten Schwermineralanreicherung beim Seesteg Hohe Düne, Warnemünde-Ost, bei Straßenkilometer 0,95, am 18. 11. 1949

Der Strandwall zieht sich von der linken oberen Ecke des Bildes bis zur Mitte der rechten Seite. Er wird spitzwinklig von einem verfallenen Stacheldrahtzaun geschnitten, der bei dem einzelstehenden Pfahl im linken Bilddrittel beginnt und auf die rechte untere Bildecke zu verläuft, jedoch schon hinter dem Reisighaufen im Vordergrund endet. Zwischen der seeseitigen Kante des Strandwalles und dem „Zaun" ist die verstärkte Anreicherung an der hier besonders dunklen Tönung der Strandwallseife zu erkennen. Blick nach NW (vgl. Fig. 19, S. 60)

Profil an der Stelle stärkster Schwermineralkonzentration im Winkel zwischen Strandwallkante und „Zaun". Maßstab: Spatenstiel 12 cm, Holzteil allein 8 cm. Der gesamte Bildausschnitt zeigt an der Oberfläche reinen Schwermineralsand mit Ausnahme der im Vordergrund freigelegten Unterkante der hangenden Schwersandschicht. Aufnahmen 2. 11. 1949

TAFEL XVIII

KÜNSTLICHE ANREICHERUNG VON SCHWERMINERALIEN II.

Einzelheiten aus dem vorseitigen Bild der Gesamtsituation
(Aufnahmen 18. 11. 1949)

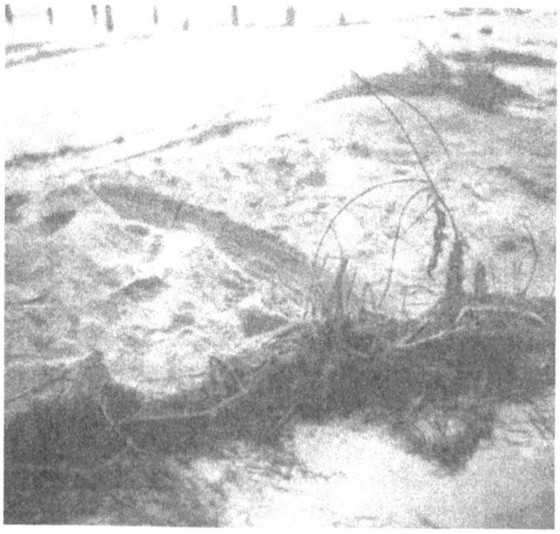

Im Vordergrund der „Zaun", dahinter der schwermineralreiche Strandwall, in seiner ganzen Breite von 2,4 m aufgeschürft

Der Zaun besteht lediglich aus den am Boden liegenden Stacheldrähten, in denen sich Tang und dgl. verfangen hat. Links davon der dunkle Schwersand, rechts der nahezu schwermineralfreie Strandsand (See links)

Längsschnitt durch den künstlich angereicherten Strandwall, Länge 2,4 m (rechts fehlen 10—15 cm).
Maßstab: Zollstock in der Mitte des Bildes; waagerechtes Stück 40 cm, senkrechtes Stück 10 cm lang

KÜNSTLICHE ANREICHERUNG VON SCHWERMINERALIEN III.

Am 28. November 1949 hat das Hochwasser einen Teil des Schwermineralgutes dünenwärts verschleppt, den Rest der künstlichen Lagerstätte mit taubem Leichtsand bedeckt:

Die Unterschiede zwischen dem Sand vor, unter, hinter dem Hindernis sind oberflächlich verschwunden

Das vor der Düne niedergelegte Schwersandgut

(Rechts hinten der Reisighaufen des oberen Bildes auf Tafel XVII)

Das eingesandete Restprofil. Spatenstiel 12 cm

(Vgl. hierzu das untere Bild auf Tafel XVII)